U0163338

纺织服装教育"十三五"部委级规划教材

FANGZHI JIDIAN JISHU JICHU

纺织机电技术基础

刘桂阳 主编　金春奎 副主编

东华大学出版社
·上海·

内 容 提 要

　　纺织生产离不开纺织各工序的机器设备。本书内容是有关纺织机器设备的基础机电知识,主要包括机械识图基础、机构的工作原理及基本理论、通用零件的结构及基础知识、电工基础、电机与电气控制基础及传感器知识。学习这些机电知识,可为"现代纺织技术"专业(非机电类)学生今后学习纺织设备与纺织工艺奠定基础。

图书在版编目(CIP)数据

纺织机电技术基础/刘桂阳主编. —上海:东华大学
出版社,2016.1
ISBN 978-7-5669-0695-3

Ⅰ.①纺… Ⅱ.①刘… Ⅲ.①纺织机械—机电设备
Ⅳ.①TS103

中国版本图书馆 CIP 数据核字(2014)第 299321 号

责任编辑:张　静
封面设计:魏依东

出　　　　版:东华大学出版社(上海市延安西路 1882 号,200051)
本 社 网 址:http://www.dhupress.net
天猫旗舰店:http://dhdx.tmall.com
营 销 中 心:021-62193056　62373056　62379558
印　　　　刷:句容市排印厂
开　　　　本:787 mm×1 092 mm　1/16　印张　13
字　　　　数:325 千字
版　　　　次:2016 年 1 月第 1 版
印　　　　次:2023 年 2 月第 3 次印刷
书　　　　号:ISBN 978-7-5669-0695-3
定　　　　价:49.00 元

前　言

纺织设备是纺织企业进行生产的主要工具,是纺织企业创造经济效益的主要手段。它的技术水平、质量和制造成本,都直接关系到纺织工业的发展。纺织设备的更新改造是企业提高产品档次,在市场上占有一席之地的有效途径。随着纺织机械工业的发展,无论是进口还是国产的新型纺织机械,都普遍运用了光、电、机、气动、液压等多种技术成果,集成了控制器、驱动器、触摸屏人机界面和现场总线等先进技术。纺织机械设备采用的技术越来越先进,对设备的安装、调试、维修等人员的要求也越来越高,既要求有一定的理论水平,又要求具备设备的运转技能。作为纺织专业技术人员,必须熟知纺织设备及机电控制技术的基本理论、专业知识和操作技能。

本书内容主要源于江苏工程职业技术学院的校本教材《纺织机电技术基础》。2008 年,根据高职教育的特点,本院将之前的"纺织机械基础"与"电工技术基础"两门课程综合成"纺织机电技术基础"一门课程,选用现代纺织设备所涉及的"机、电、微机控制一体化"的有关内容,较系统地归纳有关纺织设备的知识点及其相互关系。经过教学实践,本着"必需、够用"的原则,本书对该校本教材的内容进行了精简和重组,使内容深度和广度更适用于"现代纺织技术"专业(非机电类)学生的学习。本书的学习建议采用理论紧密结合实际的教学模式和"讲练结合"的教学方法组织教学,参考学时为 100 左右。

本书第一章由刘桂阳、洪杰编写,第二、三章由刘桂阳、张曙光、金永安编写,第四～七章由刘桂阳、金春奎编写。刘桂阳负责全书统稿。

由于编者水平有限,资料收集不太全面,且时间十分仓促,书中肯定存在许多不足之处,恳请各位读者提出宝贵意见。

编者

2015 年 12 月

目　录

第一章 机械识图基础

图纸是机械设计人员表达其设计思想的重要手段,是工厂组织生产、制造零件和装配机器的依据,是工程技术人员交流思想的重要工具。现代工业化生产离不开图纸,学会识图是每一个相关从业人员上岗的必要条件。

第一节 图样的基础知识

图样是现代工业生产中的主要技术文件之一,为了便于生产和进行技术交流,必须对图样的表达方式、尺寸标注、所采用的符号等建立统一的规定。这些规定由国家制定并颁布实施。用于机械图样的国家标准简称"国标",代号"GB"。

本节摘录了国标中的图纸幅面、图框格式、标题栏、比例、字体、图线等部分内容。

一、图纸幅面和图框格式

为了方便图样的管理,以及合理使用图纸,国家在图纸的尺寸、格式上有详尽的统一规定。参照国标(GB/T 14689—2008),图纸幅面如表 1-1 所示。

表 1-1 图纸幅面尺寸

幅面代号	A0	A1	A2	A3	A4
$B \times L$	841×1 189	594×841	420×594	297×420	210×297
a	25				
c	10			5	
e	20			10	

注:(1) B 为短边长度,L 为长边长度;(2) a、c、e 为留边宽度。

各号图纸幅面尺寸之间的关系见图 1-1,可知沿某一号幅面的长边对折即为某号的下一号幅面。在必要的情况下,也可以使用规定的加长幅面,根据基本幅面(即表 1-1 中的幅面)的短边以整数倍增加后得出。

在图纸上,图框线必须用粗实线绘制,其格式可分为不留边装订和留边装订两种。对于同一种产品,只能选用一种格式。在教学中,一般采用不留边格式。这两种格式如图 1-2 所示。

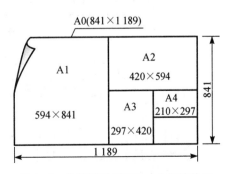

图 1-1 各号图纸幅面尺寸之间的关系

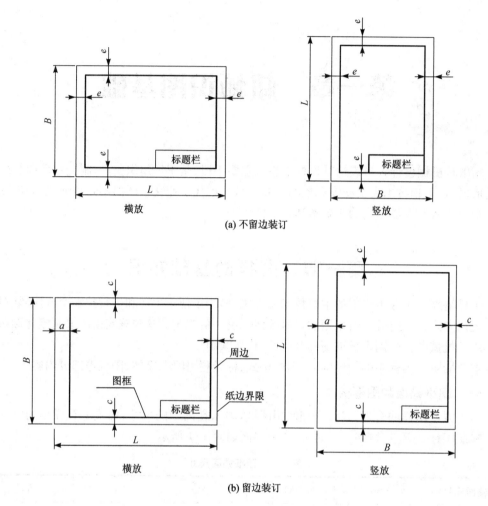

(a) 不留边装订

(b) 留边装订

图 1-2　图框格式示意图

注：A4 一般为竖装，A3 为横装

二、标题栏格式

在每一幅图纸上都必须有标题栏（图 1-3）。它是一幅图纸的综合信息反映，是图纸的

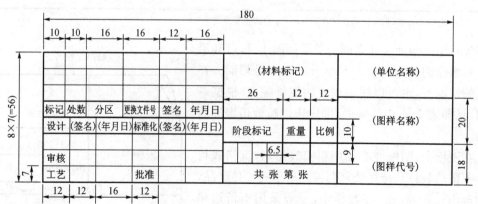

图 1-3　国家标准规定的标题栏

重要组成部分,置于图纸的右下角,其格式、尺寸按GB/T10609.1—2008进行。在教学中,学生的作业也可采用图1-4所示的格式。

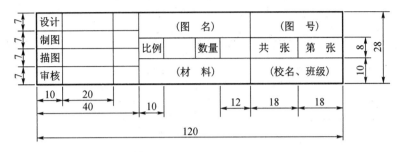

图1-4　作业可采用的格式

三、比例

图纸中图形与实物相应要素的线性尺寸之比称为比例。1：1即比值为1的称为原值比例,2：1即比值大于1的称为放大比例,1：2即比值小于1的称为缩小比例。在绘图时,比例一般应选取表1-2给出的比例。

表1-2　绘图比例

种　类	优先选取的比例	允许选取的比例
原值比例	1：1	—
放大比例	5：1,2：1 5×10^{n}：1,2×10^{n}：1,1×10^{n}：1	4：1,2.5：1 4×10^{n}：1,2.5×10^{n}：1
缩小比例	1：2,1：5,1：10 $1：2 \times 10^{n}$,$1：5 \times 10^{n}$,$1：1 \times 10^{n}$	1：1.5,1：2.5,1：3,1：4,1：6 $1：1.5 \times 10^{n}$,$1：2.5 \times 10^{n}$, $1：3 \times 10^{n}$,$1：4 \times 10^{n}$,$1：6 \times 10^{n}$

注:n取正整数

对于同一机件,各个视图应采取相同的比例,如某个视图要采取不同的比例时,必须另行予以标注。比例应在标题栏的比例一栏中注明,必要时也可在视图名称的下方或右侧标注。图样不论放大或缩小,图样上标注的尺寸均为机件的实际大小,而与采用的比例无关。

四、图线

在绘制图样时,经常采用不同线型、不同粗细的图线,表示图中不同的内容,从而分清主次。常用的图线见表1-3,应用示例见图1-5。

表1-3　常用图线

图线名称	线型	图线宽度	一般应用
粗实线	—————	d	可见轮廓线 可见棱边线
细实线	—————	$d/2$	尺寸线及尺寸界线 剖面线 过渡线

续表

图线名称	线型	图线宽度	一般应用
细虚线	– – – – – ·	$d/2$	不可见轮廓线 不可见棱边线
细点画线	—— · —— · ——	$d/2$	轴线 对称中心线 剖切线
波浪线	～～～	$d/2$	断裂处的边界线 视图与剖视图的分界线
双折线	⌁⌁⌁	$d/2$	断裂处的边界线 视图与剖视图的分界线
细双点画线	—— ·· —— ·· ——	$d/2$	相邻辅助零件的轮廓线 可动零件的极限位置的轮廓线 成型前的轮廓线 轨迹线
粗点画线	━━ · ━━ · ━━	d	限定范围的表示线
粗虚线	━ ━ ━ ━ ━	d	允许表面处理的表示线

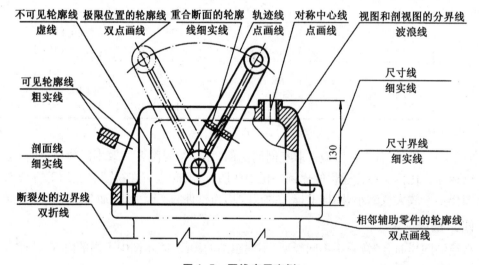

图 1-5　图线应用实例

粗线与细线的宽度比例为 2∶1，一般根据实际需要，在 0.13 mm、0.18 mm、0.25 mm、0.35 mm、0.5 mm、0.7 mm、1 mm、1.4 mm、2 mm 中选取。

画图线时，有以下要点：

(1) 同一图样中，同类图线的宽度应一致。虚线、点画线、双点画线的线段长度和间隔应大致相等。示例见图 1-6。

(2) 两条平行线（包括剖面线）之间的距离应不小于粗实线的 2 倍宽度，其最小距离不得小于 0.7 mm。

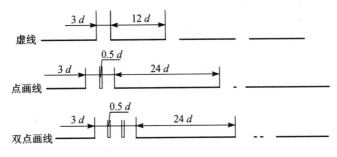

图 1-6 图线示例

（3）细点画线应以长画相交,其起始与终了应为长画。示例见图 1-7。

（4）画中心线时,圆心应为线段的交点,点画线和双点画线的首末两端应是线段而不是点,且应超出圆周约 5 mm,较小的图形上可用细实线代替。示例见图 1-8。

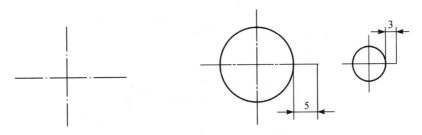

图 1-7 细点画线的正确画法   **图 1-8 中心线的正确画法**

（5）虚线与虚线或与点画线相交时,应是线段相交,不得留有空隙。示例见图 1-9。

（6）虚线、点画线或双点画线为实线的延长线时,不得与实线相连,应留有空隙,以示两种图线的分界线。示例见图 1-10。

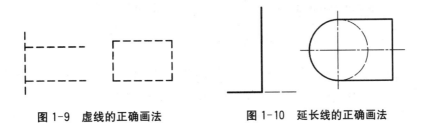

图 1-9 虚线的正确画法   **图 1-10 延长线的正确画法**

五、尺寸注法

图形表达的只是机件的形状,对于机件的大小则以尺寸标注。标注时应严格按照国家标准进行,做到正确、完整、清晰、合理。下述四点是基本规则:

（1）图样中所标注的尺寸单位一般是"毫米"(mm),以其为单位时则无需注明计量单位的名称或代号。如采用其他单位,必须注明相应计量单位的名称或代号。

（2）图样中所标注的尺寸数值为机件的真实尺寸,与图形的尺寸和绘图的准确度无关。

（3）对机件的每一尺寸,一般只标注一次,并应标注在反映该结构最清晰的图形上。

（4）图样中所标注的尺寸应为机件最后完工时的尺寸,否则应予以说明。

一些常用的符号和缩写见表1-4。

表 1-4　一些常用的符号和缩写

名　称	符号和缩写词	名　称	符号和缩写词
直径	ϕ	45°倒角	C
半径	R	深度	▼
球直径	$S\phi$	沉孔或锪平	⊔
球半径	SR	埋头孔	∨
厚度	t	均布	EQS
正方形	□	—	—

　　一个完整的尺寸由尺寸界线、尺寸线、尺寸线终端和尺寸数字四个要素组成。尺寸标注示例见图1-11。

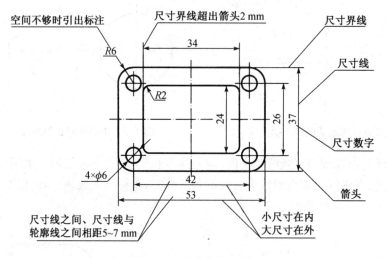

图 1-11　尺寸标注示例

　　（1）尺寸界线以细实线绘制。它一般是图形轮廓线、轴线或对称中心线的延长线,超出尺寸线终端2～5 mm;并且,应与尺寸线垂直,必要时才可以倾斜。

　　（2）尺寸线也以细实线绘制,且必须单独画出。标注线性尺寸时,尺寸线必须与所标注的线段平行,同向的各尺寸线间距要均匀(间隔应大于5 mm),便于注写相关数字和符号。尺寸线不得以图上的其他线代替,也不得与其他图线重合或在其延长线上。

　　（3）尺寸线的终端可以箭头或细斜线表示,画法见图1-12。箭头适用于各种类型的图形,箭头尖端与尺寸界线接触,不得超出也不得离开。斜线以细实线绘制,以其为尺寸线终端时,尺寸线与尺寸界线必须垂直。但须注意,同一幅图样中只能采用一种尺寸线终端形式。

　　（4）线性尺寸的数字一般应注写在尺寸线上方或尺寸线中断处,同幅图样中尺寸数字的字号大小应一致,位置不够可引出标准。尺寸数字不可被任何图线通过,如无法避免,则断开图线。示例见图1-13。

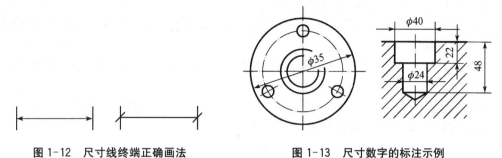

图 1-12　尺寸线终端正确画法　　　　　图 1-13　尺寸数字的标注示例

第二节　投影与三视图

一、投影法与三视图的形成

（一）投影法

在日常生活中,有这样的情况:物体在光线的照射下,会在墙壁或地面上出现影子。这种现象就是投影现象。人们利用这种原理提出了投影法,见图 1-14,以此来绘制机械图样中的图形。

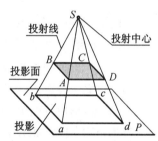

图 1-14 中,光源 S 称为投影中心,Sa、Sb、Sc、Sd 为投射线,矩形 $abcd$ 为矩形 $ABCD$ 在平面 P 上所得的投影,P 称为投影面。

常用的投影法有中心投影法和平行投影法两大类。中心投影法是指投射线汇交于一点,且投影面的垂线可通过投影中心的一类投影法,如图 1-14 所示。平行投影法是指投射线相互平行的投影法。它根据投射线与投影面是否垂直,又可分为斜投影法和正投影法,如图 1-15 所示。

图 1-14　中心投影法

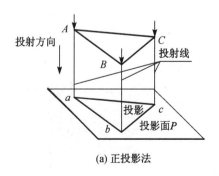

(a) 正投影法

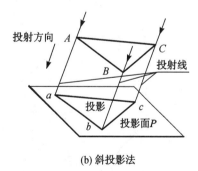

(b) 斜投影法

图 1-15　平行投影法

从图 1-14 和图 1-15 中可以看出,中心投影法的投影大小与物体和投影面之间的距离有关,而平行投影法则与此无关。在实际工作中,广泛使用的是平行投影法中的正投影法。为方便起见,如无特殊说明,本书中的投影一般是指正投影法的投影。

正投影的基本特性有如下三点,示意见图 1-16:

(1) 真实性。当直线或平面与投影面平行时,则该直线的投影反映实际长度,平面的投影反映实际形状。

(2) 积聚性。当直线或平面与投影面垂直时,直线的投影积聚成一点,平面的投影积聚成直线。

(3) 类似性。当直线或平面与投影面倾斜时,直线的投影长度短于直线的实际长度,平面的投影面积变小,但投影形状与原来的形状相类似。

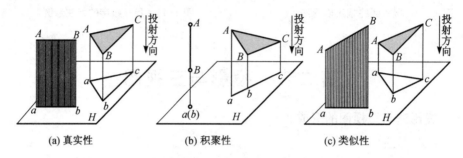

(a) 真实性 (b) 积聚性 (c) 类似性

图 1-16 正投影的特性示意

采用正投影法绘制的物体的图形,称为视图。一个视图通常不能完全确定物体的形状和大小。因此,为了表述清楚,采用三视图。

(二) 三视图的形成

1. 建立三投影面体系

三投影面体系(图 1-17)由三个互相垂直的投影面组成,分别为正投影面(V 面)、水平投影面(H 面)、侧立投影面(W 面),三者之间的交线称为投影轴,三根投影轴的交点 O 则为原点。

2. 物体在三投影面体系中的投影

将物体置于三投影面体系中,按照正投影法向各投影面投射(图 1-18),即可得到物体的正面投影、水平投影和侧面投影。

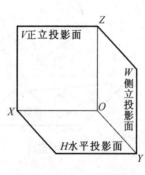

图 1-17 三投影面体系

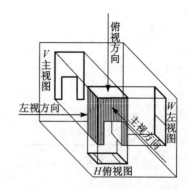

图 1-18 三投影面体系中的投影

3. 展开三面投影

将相互垂直的三个投影面展开在同一个平面上,方法为:V 面保持不动,H 面绕 OX 轴向下旋转 $90°$,W 面绕 OZ 轴向右旋转 $90°$,即可得到三视图(图 1-19)。其中,在正投影面上的投影为主视图,在水平投影面上的投影为俯视图,在侧投影面上的投影为左视图。

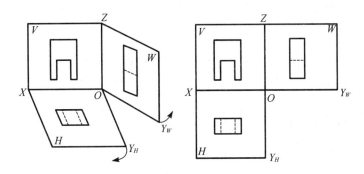

图 1-19　三视图的展开

（三）三视图的投影特性

在三视图中,以主视图为准,俯视图在其正下方,左视图在其正右方。由图 1-19 中的三视图可以看出:主视图反映物体的左右、上下位置关系,即长度和高度;俯视图反映物体的左右、前后关系,即长度和宽度;左视图反映物体的上下、前后关系,即高度和宽度。由此可以看出,主、俯视图都反映长度,长度需对正;主、左视图都反映高度,高度要平齐;俯、左视图都反映宽度,宽度要相等。总结在一起,三视图的投影规律就是"长对正、高平齐、宽相等"。

二、点、直线、平面的投影

（一）点的投影

1. 点在两个投影面体系中的投影

如图 1-20 所示,设空间中有一点 A,由点 A 作垂直于 Y 面、H 面的投影线 Aa' 和 Aa,分别与 Y 面、H 面交得点 a' 和 a。其中,a' 称为点 A 的正面投影,a 称为点 A 的水平投影。

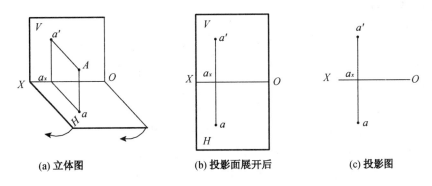

(a) 立体图　　　　　　　(b) 投影面展开后　　　　　　(c) 投影图

图 1-20　点在两个投影面体系中的投影

其投影特性如下:

(1) 点的正面投影和水平投影的连线垂直 OX 轴,即 $a'a \perp OX$。

(2) 点的正面投影到 OX 轴的距离,反映该点到 H 面的距离;点的水平投影到 OX 轴的距离,反映该点到 V 面的距离,即:$a'a_x = Aa$,$aa_x = Aa'$。

2. 点在三个投影面体系中的投影

点在两个投影面体系中已能确定该点的空间位置,但为了更清楚地表达某些形体,有时需要在两个投影面体系的基础上,增加一个与 H 面及 V 面垂直的侧立的投影面——W 面,形成三个投影面体系,如图 1-21 所示。

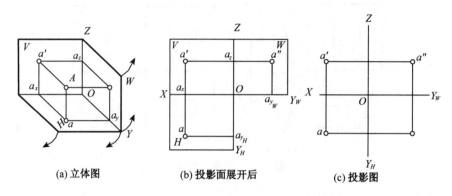

| (a) 立体图 | (b) 投影面展开后 | (c) 投影图 |

图 1-21　点在三个投影面体系中的投影

其投影特性包括:

(1) $a'a \perp OX$, $a'a'' \perp OZ$, $aa_{y_H} \perp OY_H$, $a''a_{y_W} \perp OY_W$;

(2) $a'a_x = Aa$, $aa_x = Aa'$, $a'a_z = Aa''$。

3. 点的投影与坐标

根据点的三面投影可以确定点在空间的位置。点在空间的位置也可以由直角坐标值确定。点的正面投影由点的 X 和 Z 坐标决定,点的水平投影由点的 X 和 Y 坐标决定,点的侧面投影由 Y 和 Z 坐标决定。

[例 1-1]　已知点 $A(20, 15, 10)$、$B(30, 10, 0)$、$C(15, 0, 0)$,求作各点的三面投影。

分析:由于 $ZB=0$,所以 B 点在 H 面上;由于 $YC=0$,$ZC=0$,则点 C 在 X 轴上。

(1) 作 A 点的投影

在 OX 轴上量取 $Oa_x=20$;

过 a_x 作 $aa' \perp OX$ 轴,并使 $aa_x=15$,$a'a_z=10$;

过 a' 作 $aa'' \perp OZ$ 轴,并使 $a''a_z=aa_x$,a、a'、a'' 即为所求 A 点的三面投影。

(2) 作 B 点的投影

在 OX 轴上量取 $Ob_x=30$;

过 b_x 作 $bb' \perp O_x$ 轴,并使 $b'b_x=0$,$bb_x=10$,由于 $ZB=0$,b' 和 b_x 重合,即 b' 在 X 轴上;

因为 $ZB=0$,b' 在 OY_W 轴上,在该轴上量取 $Ob_{y_W}=10$,得 b'',则 b、b'、b'' 即为所求 B 点的三面投影。

(3) 作 C 点的投影

在 OX 轴上量取 $Oc_x=15$;

由于 $Yc=0$,$Zc=0$,c、c' 都在 OX 轴上,c' 与 c 重合,c'' 与原点 O 重合。

作图结果如图 1-22 所示。

4. 两点的相对位置

空间两点的相对位置根据同面投影的坐标来判断,其中左右由 X 坐标差判别,上下由 Z 坐标差判别,

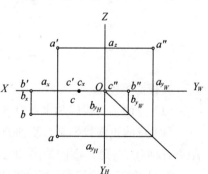

图 1-22　根据点的坐标求点的投影

前后由 Y 坐标差判别,如图 1-23 所示。

$Z_a>Z_b$,A 点在 B 点上方;$Y_a>Y_b$,A 点在 B 点的前方;$X_a>X_b$,A 点在 B 点的左方。即 A 点在 B 点的左前上方。

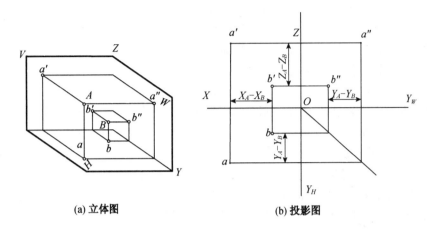

(a) 立体图　　　　　　　　(b) 投影图

图 1-23　两点间的相对位置

5. 重影点

当空间两点位于垂直于某个投影面的同一投影线上时,两点在该投影面上的投影重合,称为重影点。

(二)直线的投影

直线可以由线上的两点确定,所以直线的投影就是点的投影,然后将点的同面投影联接,即为直线的投影,如图 1-24 所示。

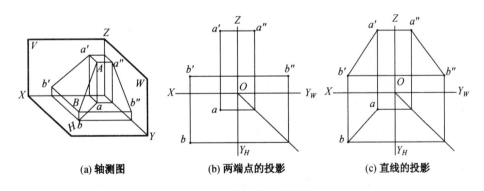

(a) 轴测图　　　　　(b) 两端点的投影　　　　　(c) 直线的投影

图 1-24　直线的三面投影

1. 各种位置直线的投影

(1) 投影面平行线

直线平行于一个投影面,并与另外两个投影面倾斜时,称为投影面平行线。

正平线——平行于 V 面,倾斜于 H、W 面;

水平线——平行于 H 面,倾斜于 V、W 面;

侧平线——平行于 W 面,倾斜于 H、V 面。

投影面平行线的特性为:

平行于某个投影面,则在该投影面上的投影反映该直线的实长,而且投影与投影轴的夹角反映该直线对另外两个投影面的夹角,而另外两个投影都是类似形,比实长短。

（2）投影面垂直线

直线垂直于一个投影面,并与另外两个投影面平行时,称为投影面垂直线。

正垂线——垂直于 V 面平行于 H、W 面;

铅垂线——垂直于 H 面平行于 V、W 面;

侧垂线——垂直于 W 面平行于 V、H 面。

投影面垂直线的特性为:

垂直于某个投影面,则在该投影面上的投影积聚成一个点,而另外两个投影面上的投影平行于投影轴,且反映实长。

（3）一般位置直线

直线与三个投影面都处于倾斜位置,称为一般位置直线（图1-25）。

一般位置直线在三个投影面上的投影都不反映实长,而且与投影轴的夹角也不反映空间直线对投影面的夹角。

2. 一般位置直线的实长及其与投影面的夹角

一般位置直线的投影既不反映实长又不反映对投影面的真实倾斜角度。要求得实长和夹角,可采用直角三角形法,如图1-26所示。

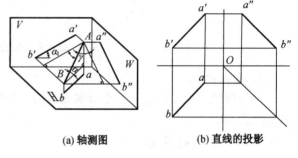

(a) 轴测图　　　　(b) 直线的投影

图 1-25　一般位置直线

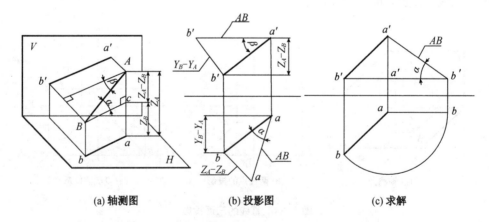

(a) 轴测图　　　　(b) 投影图　　　　(c) 求解

图 1-26　求一般位置直线的实长及其对投影面的夹角

3. 直线上点的投影

如果点在直线上（图1-27）,则点的各个投影必在该直线的同面投影上,并将直线的各个投影分割成和空间相同的比例。

4. 两直线的相对位置

（1）两直线平行

两直线空间平行（图1-28）,投影面上的投影也相互平行。

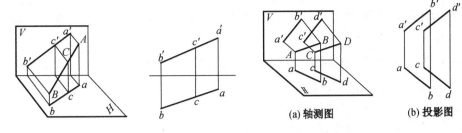

图 1-27 直线上的点　　　　　　图 1-28 两直线平行

（2）两直线相交

空间两直线相交（图 1-29），交点 K 是两直线的共有点，K 点的投影符合点的投影规律。

（3）两直线交叉

空间两直线既不平行又不相交时称为交叉（图 1-30）。交叉两直线的同面投影可能相交，但它们各个投影的交点不符合点的投影规律。

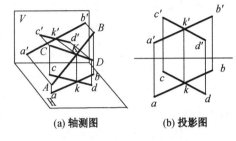

图 1-29 两直线相交

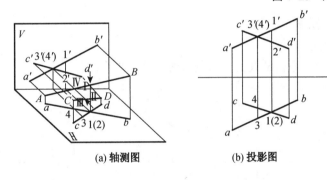

图 1-30 两直线交叉

5. 两直线垂直相交

空间两直线垂直相交（图 1-31），其中有一直线平行于某投影面时，则两直线在所平行的投影面上的投影反映直角。

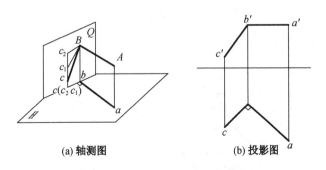

图 1-31 垂直相交两直线的投影

证明:因为 $AB \perp BC$,$AB \perp Bb$,所以 AB 必垂直于 BC 和 Bb 决定的平面 Q 及平面 Q 上过垂足 B 的任何一直线(BC_1、BC_2、…)。因 $AB /\!/ ab$,故 ab 也必垂直于平面 Q 上过垂足 b 的任一直线,即 $ab \perp bc$。

[**例 1-2**] 如图 1-32(a)所示,已知点 C 及直线 AB 的两面投影,试过点 C 作直线 AB 的垂线 CD,D 为垂足,并求 CD 的实长。

分析:因为 $ab /\!/ OX$,所以 AB 是正平线,又因 CD 与 AB 垂直相交,D 为交点,则 $a'b' \perp c'd'$,由 d' 可在 ab 上求得 d。采用直角三角形法可求得 CD 的实长。

作法如图 1-32(b)所示:

① 由 c' 作 $c'd' \perp a'b'$ 得交点 d';

② 由 d' 引投影连线,与 ab 交于 d;

③ 连 c 和 d,则 $c'd'$、cd 即为垂线 CD 的两面投影;

④ 用直角三角形法求得 C 与直线 AB 之间的真实距离 CD。

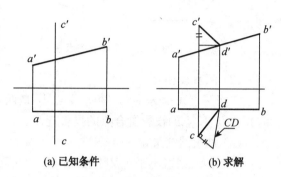

(a) 已知条件　　　　　(b) 求解

图 1-32　求点到直线的垂足及距离

(三)平面的投影

1. 平面的表示法

平面通常用确定该平面的几何元素的投影表示,如图 1-33 所示。

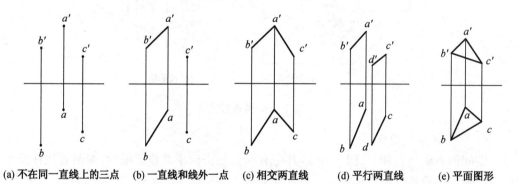

(a) 不在同一直线上的三点　(b) 一直线和线外一点　(c) 相交两直线　(d) 平行两直线　(e) 平面图形

图 1-33　用几何元素表示平面

用迹线表示平面,如图 1-34 所示。

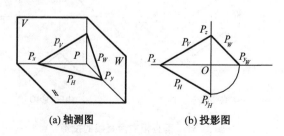

(a) 轴测图　　　　　(b) 投影图

图 1-34　用迹线表示平面

2. 各种位置平面的投影

(1) 投影面平行面

在三投影面体系中,平行于一个投影面,而垂直于另外两个投影面的平面。

正平面——平行于 V 面,而垂直于 H、W 面;

水平面——平行于 H 面,而垂直于 V、W 面;

侧平面——平行于 W 面,而垂直于 H、V 面。

投影面平行面的特性如下:

平面在所平行的投影面上的投影反映实形,其余投影都是平行于投影轴的直线。

(2) 投影面垂直面

在三投影面体系中,垂直于一个投影面,而对另外两投影面倾斜的平面。

正垂面——垂直 V 面,而倾斜于 H、W 面;

铅垂面——垂直 H 面,而倾斜于 V、W 面;

侧垂面——垂直 W 面,而倾斜于 V、H 面。

投影面垂直面的特性:

平面在所垂直的投影上的投影积聚成一条直线。该直线与投影轴的夹角是该平面对另外两个投影面的真实倾角,而另外两个投影面上的投影是该平面的类似形。

(3) 一般位置平面

对三个投影面都倾斜的平面。

根据平面对三个投影面的相对位置分析,可得出一般位置平面的投影特性:

① 平面垂直于投影面时,它在该投影面上的投影积聚成一条直线——积聚性;

② 平面平行于投影面时,它在该投影面上的投影反映实形——实形性;

③ 平面倾斜于投影面时,它在该投影面上的投影为类似图形——类似性。

3. 平面上的直线和点

(1) 平面上的直线

① 直线通过平面上的已知两点,则该直线在该平面上。

② 直线通过平面上的一已知点,且平行于平面上的一已知直线,则该直线在该平面上。

(2) 平面上的点

点在平面上的几何条件是:如果点在平面上的一已知直线上,则该点必在平面上。因此在平面上找点时,必须先在平面上取包含该点的辅助直线,然后在所作辅助直线上求点。

(3) 平面上的投影面平行线

平面上的投影面平行线的投影,既有投影面平行线具有的特性,又要满足直线在平面上的几何条件。

[例 1-3] 已知三角形 ABC 的两面投影,在三角形 ABC 平面上取一点 K,使点 K 在点 A 之下 15 mm,在点 A 之前 13 mm,试求点 K 的两面投影,如图 1-35 所示。

分析:由已知条件可知点 K 在点 A 之下 15 mm、之前 13 mm,可以利用平面上的投影面平行线作辅助线。K 点在 A 点之下 15 mm,可利用平面上的水平线;K 点在 A 点之前 13 mm,可利用平面上的正平线。K 点必在两直线的交点上。

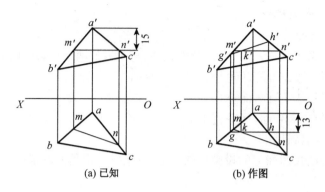

(a) 已知　　　　　　(b) 作图

图 1-35　平面上取点

作法：

① 从 a' 向下量取 15 mm，作一平行于 OX 轴的直线，与 $a'b'$ 交于 m'，与 $a'c'$ 交于 n'；

② 求水平线 MN 的水平投影 m、n；

③ 从 a 向前量取 13 mm，作一平行于 OX 轴的直线，与 ab 交于 g，与 ac 交于 h，则 mn 与 gh 的交点即为 k；

④ 由 g、h 求 g'、h'，则 $g'h'$ 与 $m'n'$ 交于 k'，k' 即为所求。

三、基本立体的三视图

机件一般都是由若干个最基本的几何体组成的，基本的几何体可分为平面立体和曲面立体两大类（图 1-36）：平面立体如棱柱、棱锥等，曲面立体如圆柱、圆锥、圆球、圆环等。熟练掌握基本几何体的三视图，是识读零件图的一个重要基础。

图 1-36　基本的几何体

（一）棱柱的三视图（以正六棱柱为例）

1. 投影分析

正六棱柱由六个侧面和上下两个端面围成。两端面在水平投影上反映实形，正面和侧面投影积聚为两条平行于相应投影轴的直线，两直线间的距离即为棱柱的高。前后两个侧面的正面投影反映实形，水平和侧面投影积聚为直线。另外四个侧面均为铅垂面，水平投影积聚为直线，正面和侧面投影为类似形。三面投影如图 1-37 所示。

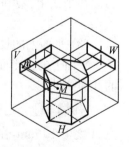

图 1-37　正六棱柱三面投影

2. 三视图的绘制

先用细实线画出坐标系和折线,再用细实线、中心线画出三视图的作图基准线,接着画出正六棱柱的水平投影;然后根据主、俯视图"长对正"的规律和棱柱的高度,画出正面投影;最后根据主、左视图"高平齐",以及俯、左视图"宽相等"的规律,画出侧面投影。绘制步骤及三视图如图 1-38 所示。

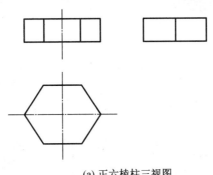

(a) 正六棱柱三视图

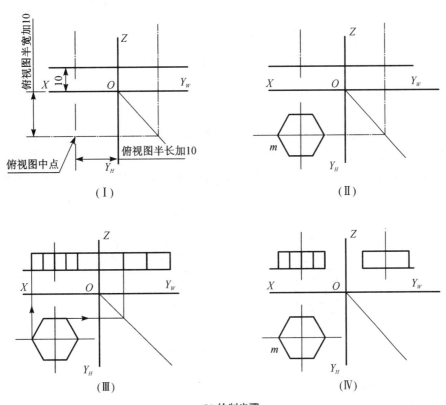

(b) 绘制步骤

图 1-38　正六棱柱三视图及绘制步骤

其他常见棱柱的三视图如图 1-39 所示。

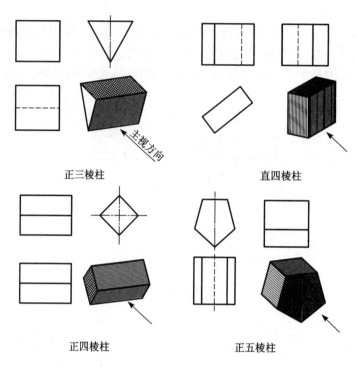

图 1-39　其他常见棱柱的三视图

（二）棱锥的三视图（以正三棱锥为例）

1. 投影分析

正三棱锥由底面及三个棱面组成。底面为水平面，水平投影反映实形，正面和侧面投影分别积聚成一直线。后侧面的侧面投影积聚成一直线，水平和正面投影为类似形。两个前侧面为一般位置面，它的三个投影都是类似形。正三棱锥的三面投影如图 1-40 所示。

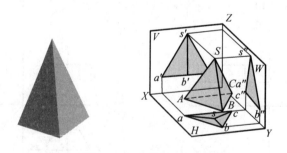

图 1-40　正三棱锥三面投影

2. 三视图的绘制

先用细实线画出坐标系和折线，再用细实线、中心线画出三视图的作图基准线，接着画出正三棱锥的水平投影；然后根据主、俯视图"长对正"的投影规律和三棱锥的高度，在主视图上定出顶点位置，过顶点画出各侧面的主视图投影；最后根据主、左视图"高平齐"，以及俯、左视图"宽相等"的投影规律，画出侧面投影。绘制步骤及三视图如图 1-41所示。

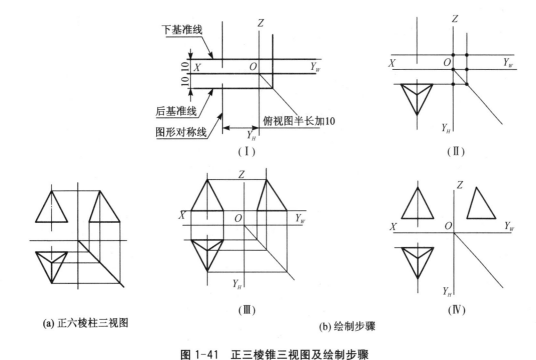

(a) 正六棱柱三视图

(b) 绘制步骤

图 1-41 正三棱锥三视图及绘制步骤

其他常见棱锥的三视图见图 1-42。

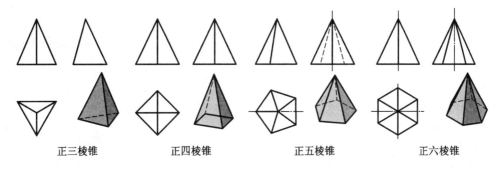

正三棱锥　　　　正四棱锥　　　　正五棱锥　　　　正六棱锥

图 1-42 其他常见棱锥的三视图

（三）圆柱的三视图

圆柱体由圆柱面和上下底面组成。圆柱面可以看作是由一条与轴线平行的直母线绕轴线旋转而成的。圆柱面上任意一条平行于轴线的直线称为圆柱面的素线。

1. 投影分析

上下底面平行于水平面,水平投影反映实形,正面、侧面投影为横线。圆柱面属于回转表面,水平投影为圆,正面、侧面投影构成矩形。圆柱的三面投影如图 1-43 所示。

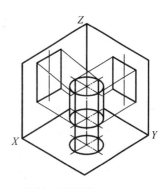

图 1-43 圆柱三面投影

2. 三视图的绘制

绘制步骤与正六棱柱类似，此处不再赘述。示意图见图 1-44。

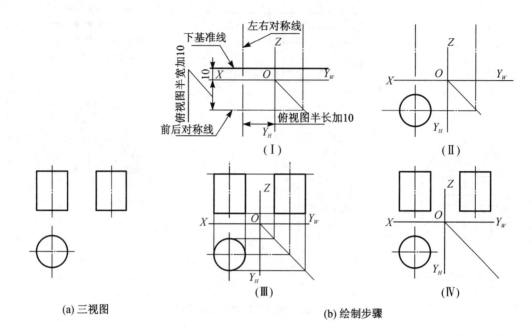

(a) 三视图

(b) 绘制步骤

图 1-44　圆柱的三视图及绘制步骤

（四）圆锥的三视图

圆锥由圆锥面和底面组成。圆锥面可看作是由一条与轴线倾斜的直母线绕轴线旋转而成的。

1. 投影分析

底面的水平投影反映实形，正面、侧面投影为横线。圆锥面的水平投影与底面投影范围重合，锥顶的投影落在两中心线的交点上，即投影圆的圆心，正面、侧面投影为三角形。圆锥的三面投影如图 1-45 所示。

2. 三视图的绘制

步骤与正六棱柱类似，此处不再赘述。示意图见图 1-46。

（五）圆球的三视图

圆球是由一条圆母线绕其对称中心线旋转而成的。其投影分析及三视图见图 1-47。

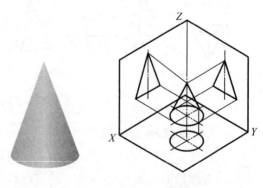

图 1-45　圆锥的三面投影

（六）圆环的三视图

圆环是由环面围成的几何体，可看作是一条圆母线绕一条与圆平面共面但不通过圆心的轴线回转而成的。它的投影分析及三视图见图 1-48。

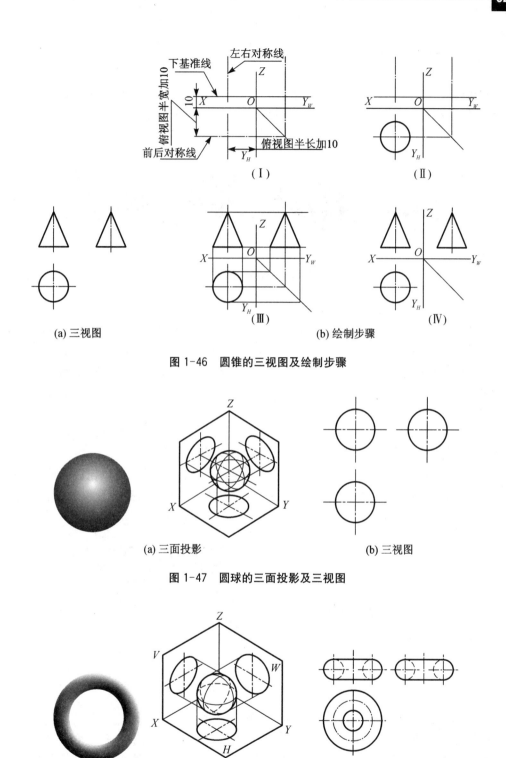

图 1-46 圆锥的三视图及绘制步骤

图 1-47 圆球的三面投影及三视图

图 1-48 圆环的三面投影及三视图

四、组合体的三视图

（一）立体的表面交线

在机件上常会看到一些交线。在这些交线中，有的是平面与立体表面相交而产生的交线，称为截交线，如图 1-49(a)所示；有的则是两立体表面相交而形成的交线，称为相贯线，如图 1-49(b)所示。

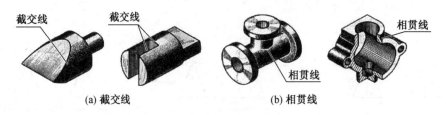

图 1-49　截交线与相贯线

1. 截交线

立体被平面截断成两部分时，其中的任一部分称为截断体，截切立体的平面称为截平面。由于立体的形状和截平面的位置不同，截交线的形状也各不相同，但具有两个基本性质：①截交线既在截平面上，又在立体表面上，因此截交线是两者的共有线；②截交线为封闭的平面图形。

（1）平面立体的截交线

平面立体的截交线是一个封闭的平面多边形，多边形的各个顶点为截平面与平面立体各棱线的交点，每一条边则是截平面与平面立体各棱面的交线。

平面与圆球的截交线，由于圆球被任意方向的平面切割均为圆，所以比较简单。以被切平面平行于投影面为例，可知水平面上的投影反映实形，正面和侧面投影积聚为直线段，见图 1-50。

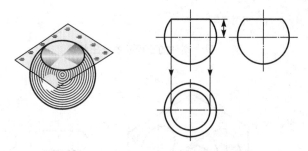

图 1-50　圆球被水平面切割的截交线画法

以正六棱锥为例，见图 1-51(a)，求正六棱锥截交线的三面投影。

从图中可看出，截交线是一个六边形。截平面的正面投影积聚成一直线，见图 1-51(b)，因此它与正六棱锥的六个交点的正面投影也在直线上，待求的主要是水平投影与侧面投影。步骤如下：

先画出正六棱锥的三视图，利用截平面的积聚性投影，找出截交线的正面投影；接着根据直线上点的投影特性，求出各顶点的水平投影及侧面投影，见图 1-51(c)；最后依次联接各顶点的同面投影，即求得截交线的水平和侧面投影，见图 1-51(d)。

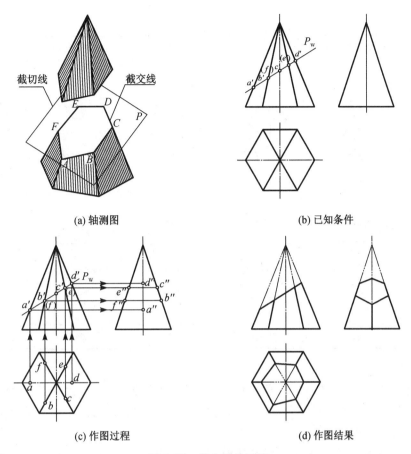

(a) 轴测图   (b) 已知条件

(c) 作图过程   (d) 作图结果

图 1-51 截交线的画法

（2）曲面立体的截交线

曲面立体的截交线也是一个封闭的平面图形，多为曲线或曲线与直线围成的图形，有时也有直线与直线围成的。表 1-5 所示为常见的平面与圆柱、平面与圆锥的截交线。

表 1-5 平面与圆柱、圆锥的截交线

截平面位置	与轴线平行时	与轴线垂直时	与轴线倾斜时
轴测图			
投影图			
截交线的形状	矩形	圆	椭圆

续表

截平面位置	与轴线垂直时	过圆锥顶点	平行于任一素线	与轴线倾斜	与轴线平行
轴测图					
投影图					
截交线的形状	圆	等腰三角形	封闭的抛物线	椭圆	封闭的双曲线

2. 相贯线

两立体相交,表面形成的交线称为相贯线。它的基本性质有:①相贯线是两立体表面的共有线,也是分界线,其上的点是两立体表面的共有点;②相贯线为封闭的空间曲线,特殊情况下为平面曲线或直线。

根据相贯线的性质,求相贯线的实质就是求两立体表面的一系列共有点。以两圆柱正交的相贯线求法为例(直径不同),见图 1-52。由图可知直立圆柱的水平投影和水平圆柱的侧面投影都具有积聚性,因此相贯线的水平和侧面投影分别积聚在它们有积聚性的投影面上,只需作出正面投影即可。该相贯线的前后、左右对称,所以在正面投影中,可见的前半部分和不可见的后半部分重合,左右部分则对称。

当正交的两个圆柱直径相等时,相贯线为两个相交的椭圆,正面投影为垂直相交的两条直线,如图 1-53 所示。

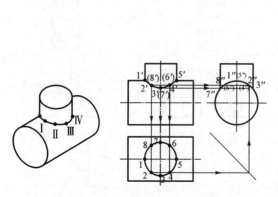

图 1-52　直径不同两正交圆柱的相贯线画法

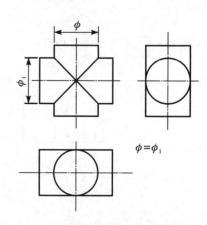

图 1-53　直径相等两圆柱相贯线的画法

为了简化作图,在不引起误解的情况下,按照国标的规定,图形中的相贯线投影可以简化,如可用圆弧代替非圆曲线或用直线代替非圆曲线,见图1-54。具体的要求参看国家标准。

在某些特殊情况下,相贯线为平面曲线或直线,如图1-53中,两圆柱的直径相等时,相贯线即为直线。当两个曲面立体具有公轴线时,相贯线为与轴线垂直的圆,如图1-54所示。

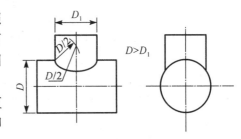

图1-54　直径不同两正交圆柱的相贯线的简化画法

(二)组合体的三视图

组合体通常由若干个基本立体组合而成,示例图见图1-55。所以可以先将组合体拆分为若干个基本体,逐个画出它们的投影,然后综合起来,即可得到整个组合体的三视图。这种方法称为形体分析法,是组合立体画图和看图的基本方法。

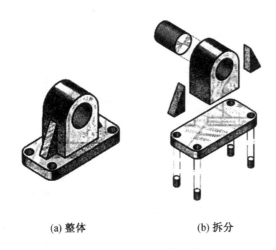

(a) 整体　　　　　　　(b) 拆分

图1-55　组合体示例

组合体的组合形式一般有三种,即叠加型、切割型和综合型,示例图见图1-56。

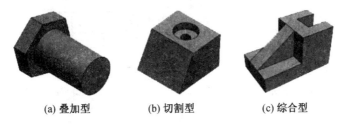

(a) 叠加型　　　(b) 切割型　　　(c) 综合型

图1-56　三种组合形式

不论哪种组合形式,相邻形体间的联接关系都可分为平齐或不平齐、相切和相交三种情况。

1. 组合体三视图画法

以图1-57(a)为例,对于组合体,首先要做的就是对形体进行分析,将其分解为几个组成部分,分解情况见图1-57(b)。

组合体分解为几个部分后,接着要选择主视图。主视图的选取应能明显地反映出物体形状的主要特征,同时考虑位置,力求主要平面与投影平面平行。主视图选择方向如图1-57(a)中箭头所指。主视图确定后,自然就确定了俯视图和左视图。

绘制的具体步骤及最终的三视图如图1-58所示。

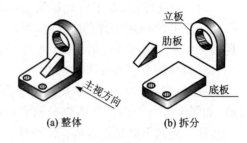

(a) 整体   (b) 拆分

图 1-57　支架形体分析

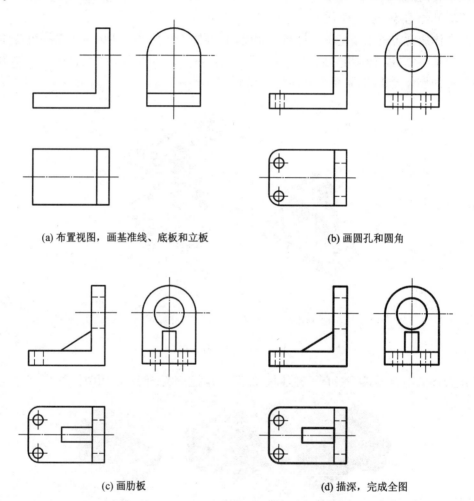

(a) 布置视图,画基准线、底板和立板

(b) 画圆孔和圆角

(c) 画肋板

(d) 描深,完成全图

图 1-58　支架的画图步骤

2. 组合体的看图方法

看图是画图的逆过程,是根据视图想象出空间物体的结构形状。为了迅速、正确地读懂视图,必须掌握读图的基本要领和基本方法。

(1) 基本要领

由于每个视图只能反映机件的一个方面的形状,首要的就是要做到将各个视图联系起来进行识读;其次,要明确视图中线框和图线的含义;另外还要善于运用"构形思维"。

（2）基本方法

主要有两种方法:形体分析法和线面分析法。

① 形体分析法:此法的实质是"分部分想形状,合起来想整体",将几个视图相对照,通过对图形的分解和综合来想象出物体的正确形状。具体步骤为:抓住特征分部分;分析投影,联想形体;综合起来想整体。

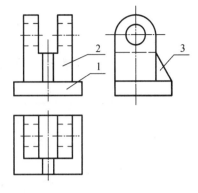

图 1-59　组合体三视图

以图 1-59 为例,根据形体分析法的步骤进行三视图的识读。首先抓住特征分部分,通过形体分析可知,主视图中 1、2 部分形体特征明显,左视图中 3 部分形体特征突出,由此可将该组合体大致分为三部分;接着对准投影想象形状,1、2 形体从主视图、3 形体从左视图的线框出发,根据投影规律,分别在另外两个视图上找出对应的投影,并想象出它们的形状,如图 1-60 所示;最后综合归纳想象出整体,如图 1-61 所示。

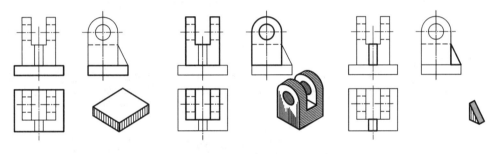

图 1-60　形体分析法读图

② 线面分析法:在形体分析法的基础上,运用投影规律,把物体分解为线、面等几何要素进行识别,从而想象出物体形状。具体步骤为:抓住特征分清面;综合起来想整体。

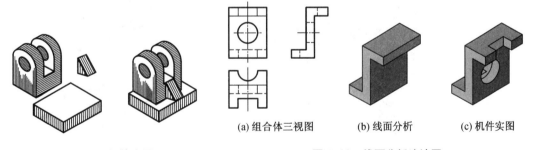

图 1-61　机件实图

(a) 组合体三视图　　(b) 线面分析　　(c) 机件实图

图 1-62　线面分析法读图

以图 1-62(a)为例,进行三视图的识读。从三视图可看出,左视图的形体特征明显,所以应从左视图入手,在主、左视图上找出对应的投影,物体的主要形状就清晰了,如图 1-62(b)所示。开槽部分从俯视图入手,圆孔从主视图入手,并分别在其他视图上找出对应的投影。通过这样的分析,各组成部分的形状即可想象出来,再加以综合,可得整个物体的形状,如图 1-62(c)所示。

3. 组合体的尺寸标注

视图只能表达出物体的形状,它的大小及相对位置则需要通过尺寸标注来确定,而且要求正确、完整、清晰。

运用形体分析法,将组合体分解为若干个基本形体,标注基本形体的定形尺寸,再依据各形体间的相对位置,标出定位尺寸。图 1-63 所示为常见基本形体的尺寸标注方法。图 1-64 列举了截切体和相贯体的尺寸标注方法。图 1-65 所示为常见组合体结构的尺寸标注方法。

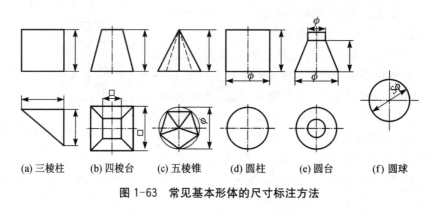

(a) 三棱柱　　(b) 四棱台　　(c) 五棱锥　　(d) 圆柱　　(e) 圆台　　(f) 圆球

图 1-63　常见基本形体的尺寸标注方法

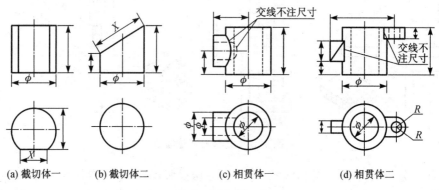

(a) 截切体一　　(b) 截切体二　　(c) 相贯体一　　(d) 相贯体二

图 1-64　截切体和相贯体的尺寸标注方法

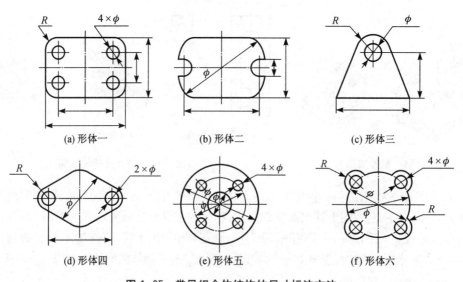

(a) 形体一　　　　　(b) 形体二　　　　　(c) 形体三

(d) 形体四　　　　　(e) 形体五　　　　　(f) 形体六

图 1-65　常见组合体结构的尺寸标注方法

以图1-66(a)所示支座为例,来说明组合体尺寸的标注方法。

首先,对支座进行形体分析,结果见图1-66(b),分成空心圆柱体、底板、肋板、耳板和凸台五个部分。

接着,逐个标出各基本形体的定形尺寸。此例中是对五个基本形体标注出定形尺寸,见图1-67。

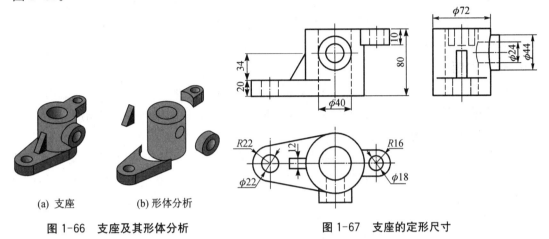

(a) 支座 　　(b) 形体分析

图 1-66 支座及其形体分析　　　　图 1-67 支座的定形尺寸

然后,标注确定各基本形体相对位置的定位尺寸,见图1-68。

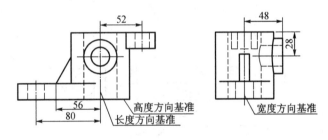

图 1-68 支座的定位尺寸

最后,标注总体尺寸,并进行检查,去掉多余的尺寸,补充漏掉的尺寸,对不合理之处进行调整,见图1-69。

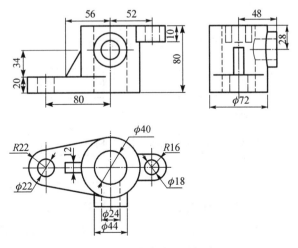

图 1-69 支座的尺寸标注

第三节　机件的表达方法

在实际生产中，机件的形状变化万千，结构有简有繁。为了完整、清晰、简便、规范地将机件表达清楚，仅用三视图，对于复杂机件是不够的，还需要其他方法。国家标准《技术制图》和《机械制图》中规定了视图、剖视图、断面图的基本方法。这些方法是正确绘制和阅读机械图样的基础，本节将介绍其中的内容。

一、视图

视图（GB/T 17451—1998、GB/T 4458.1—2002）主要用来表达机件的外部结构形状，必要时才用虚线画出不可见部分，可分为基本视图、向视图、局部视图和斜视图四种。

（一）基本视图

在原有的三个投影面的基础上，再增加三个投影面，组成一个正六面体的投影体系。这六个面称为基本投影面。将机件放在该投影体系中，分别向六个基本投影面进行投射，可得到六个基本视图，如图 1-70 所示。

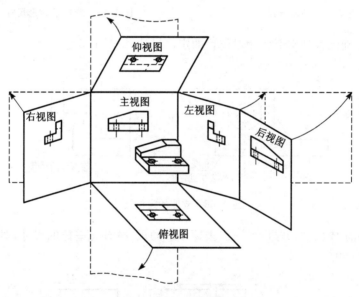

图 1-70　基本投影面的展开

六个视图展开后，在一幅图纸上的配置关系如图 1-71 所示，各图之间仍须符合"长对正、高平齐、宽相等"的投影规律。如按照图 1-71 所示在同一幅图纸内配置视图，可不标注视图的名称。

（二）向视图

向视图可自由配置。实际绘图时，为了合理利用图纸，可以不按规定位置

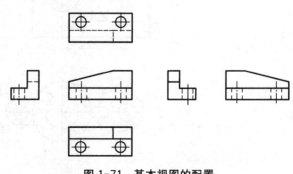

图 1-71　基本视图的配置

绘制基本视图,但必须在视图上方标注"×"(×为大写拉丁字母),在相应视图的附近用箭头指明投影方向,并标注相同字母,如图1-72所示。

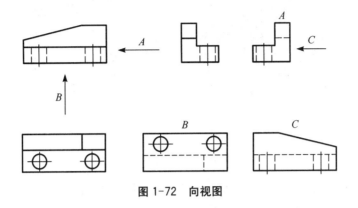

图1-72　向视图

(三)局部视图

当机件的某一部分形状不够清楚,而其他部分无需画出时,只需将机件的某一部分向基本投影面投射得到视图,称为局部视图,如图1-73所示。

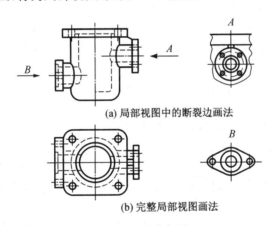

(a)局部视图中的断裂边画法

(b)完整局部视图画法

图1-73　局部视图

画局部视图时,其断裂边界以波浪线或双折线表示,并用大写字母和箭头指明投射部位和方向,见图1-73(a);但如果所表示的局部结构是完整的,且外形轮廓呈封闭状态时,可省略不画,见图1-73(b)。

(四)斜视图

机件向不平行于基本投影面的平面投射所得的视图,称为斜视图,如图1-74所示。

当机件中某一部分的结构与任何基本投影面都倾斜时,可选择一个新的投影面,与机件上倾斜部分平行,且垂直于某一个基本投影面,然后将该倾斜部分向新的投影面投射,即得反映机件倾斜结构实形的斜视图。其示例见图1-75。

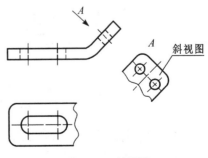

图1-74　斜视图

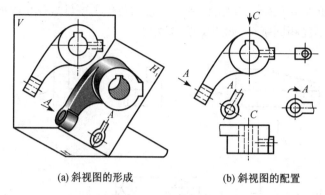

(a) 斜视图的形成　　　(b) 斜视图的配置

图 1-75　斜视图示例

斜视图一般按向视图的配置形式配置并标注,其断裂边界可以波浪线或双折线标示,见图 1-75(b)中的 A 视图;必要时,允许将斜视图旋转配置,并加注旋转符号,见图 1-75(b)。

二、剖视图

当机件的内部结构形状复杂时,视图上会出现很多虚线,不利于图形的表达和看图,见图 1-76(a)。为此,GB/T 17452—1998 和 GB/T 4458.6—2002 规定可采用剖视图来表达机件的内部结构形状。假想用剖切面剖开机件,将处于观察者和剖切面之间的部分移开,而将其余部分向投影面投射所得的图形,称为剖视图,如图 1-76(b)所示。

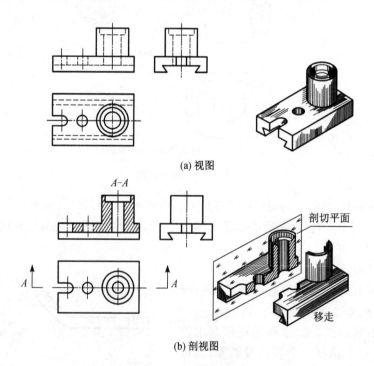

(a) 视图

(b) 剖视图

图 1-76　视图与剖视图

画剖视图时,要注意以下几个方面:

(1) 选择剖切面时,应选择平行相应投影面的平面。

（2）剖切是假想的，所以当其中一个视图取剖视后，其余视图仍应以完整机件画出。

（3）机件与剖切面接触部分称为剖面区域，应画出剖面符号，且同一机件应一致。

（4）在剖视图中，已表达清楚的结构形状在其他视图中的投影若为虚线，可省略不画，但未表达清楚的结构，不可省略。

（一）剖视图的种类

按照剖切机件范围的大小，剖视图可分为全剖视图、半剖视图和局部剖视图。

1. 全剖视图

用剖切面完全地剖开机件所得到的视图，称为全剖视图，如图 1-77(a)所示，主要用于表达内部结构比较复杂的不对称机件。外形简单的对称机件常采用全剖视图，如图 1-77(b)所示。

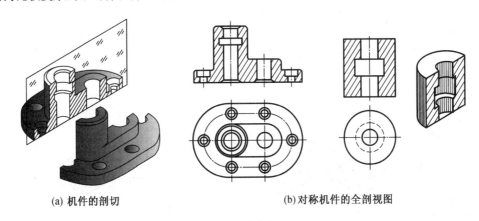

(a) 机件的剖切　　　　　　(b)对称机件的全剖视图

图 1-77　全剖视图

2. 半剖视图

当机件具有对称平面时，在垂直于对称平面的投影面上所得的图形，可以对称中心线为界，一半画成剖视图，另一半画成视图。这种剖视图称为半剖视图，见图 1-78，一般用于机件内外结构形状都比较复杂且对称的情况，画的时候要注意两点：①在半剖视图中，视图与剖视图部分的分界线为细点画线；②在半个剖视图中，由于机件对称，内形已表述清楚，在另外半个视图中，表示该部分结构的细虚线可省略不画。

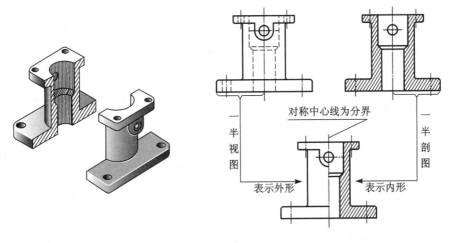

图 1-78　半剖视图

3. 局部剖视图

用剖切面局部地剖开机件所得的视图,称为局部剖视图,见图1-79。视图被局部剖切后,其断裂处用波浪线或双折线表示,作为视图与局部剖视图部分的分界线。局部剖视图具有同时表达机件内、外结构的特点,不受机件结构的影响,使用灵活,可根据需要而定,应用比较广泛。画局部剖视图时,要注意两点:①在同一个视图中,不能过多使用局部视图,否则显得零乱;②视图与剖视图的分界线不能超出视图的轮廓线,不应与轮廓线重合或画在其他轮廓线的延长位置上,也不能穿孔而过。其示例见图1-80。

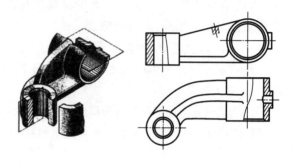

图 1-79 局部剖视图

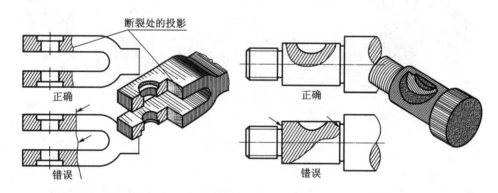

断裂处的投影

正确

错误

正确

错误

图 1-80 局部剖视图正误示例

(二)剖切面的种类

在剖视图中,剖切面的选取非常重要,一般有三种:单一剖切面、几个平行的剖切面、几个相交的剖切面。选用其中的任一种都可得到全剖视图、半剖视图和局部剖视图。

1. 单一剖切面

它又可分为单一剖切平面和单一斜剖切平面。单一剖切平面是应用最多的一种,单一斜剖切平面主要用于机件上的倾斜部分。

2. 几个平行的剖切面

当机件上的几个欲剖部位不处于同一个平面时,采用此法,各剖切平面的转折处必须为直角。其示例见图1-81。

3. 几个相交的剖切面

用几个相交的剖切平面(交线垂直于某一基本投影面)

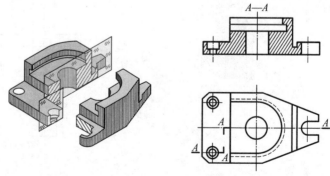

图 1-81 几个平行的剖切面所得的全剖视图

剖切机件的方法,称为旋转剖,多用于剖切孔、槽的轴线不在同一平面上,却沿机件某一孔中心周围分布的结构。画这种剖视图,是先假想按剖切位置剖开机件,然后将被剖切面剖开的结构及其有关部分旋转到与选定的投影面平行后再投射,如图1-82所示。

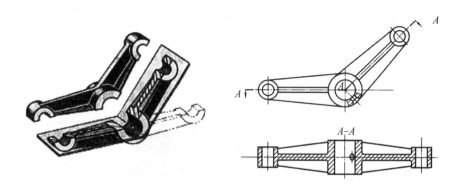

图 1-82　旋转剖视图示例

（三）剖视图的标注

绘制剖视图,应在剖视图的上方用大写拉丁字母标出剖视图的名称"×-×",在相应的视图上用剖切符号指示剖切位置和投射方向(以箭头表示),且注上相同的字母。在以下情况下可省略或不标注:

（1）当剖视图与原视图按投影关系配置,中间无其他图形隔开时,可省略箭头,如图1-81。

（2）当单一剖切平面通过机件的对称平面或基本对称平面,且剖视图按投影关系配置,中间无其他图形隔开时,不必标注,如图1-78中的主视图。

（3）当单一剖切平面的剖切位置明确时,局部剖视图不必标注,如图1-79所示。

三、断面图（GB/T 17452—1998、GB/T 4458.6—2002）

假想用剖切面将物体的某处切断,仅画出该断面的图形,称为断面图,如图1-83(a)所示,简称断面。断面图与剖视图的区别,在于断面图只是按规定画出机件剖切断面的形状,而剖视图除此以外,还必须画出剖切平面后的可见轮廓线,如图1-83(b)所示。

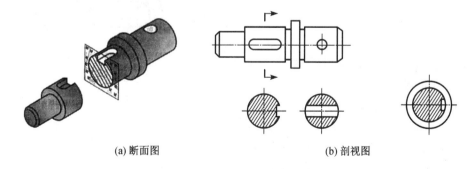

(a) 断面图　　　　　　　　　　　(b) 剖视图

图 1-83　断面图与剖视图比较

断面图主要用于表达零件上的肋板、轮辐以及轴类零件上孔、键槽等局部结构断面的形状。断面图分为移出断面和重合断面两类。

（一）移出断面

画在视图外的断面，称为移出断面，见图 1-83（a）。移出断面的轮廓线以粗实线绘制。移出断面按如下几点绘制和配置：

（1）移出断面可配置在剖切符号的延长线上［图 1-83（a）］，或剖切线的延长线上（图 1-84）。

（2）移出断面的图形对称时，也可画在视图的中断处（图 1-84）。

（3）由两个或多个相交剖切平面剖切得到的移出断面，中间应断开（图 1-85）。

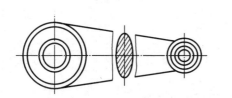 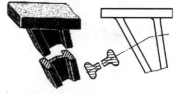

图 1-84　移出断面示例一　　　　图 1-85　移出断面示例二

此外，还应注意以下两点：

（1）当剖切平面通过回转面，形成孔或凹坑的轴线时，这些结构应按剖视图绘制（图 1-86）。

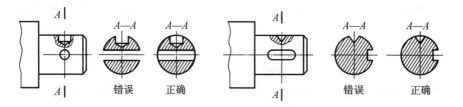

图 1-86　移出断面示例三

（2）当剖切面通过非圆孔，出现完全分离的两个断面时，这些结构也应按剖视图绘制（图 1-87）。

（二）重合断面

画在视图轮廓线内的断面，称为重合断面，见图 1-88（a）。重合断面的轮廓线用细实线绘制，当视图中的轮廓线与重合断面的图形重叠时，视图中的轮廓线仍应画出，不可间断，见图 1-88（b）。

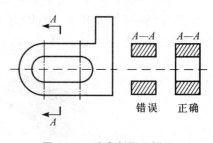

图 1-87　移出断面示例四

对断面图进行标注时，要遵循以下几点：

（1）移出断面一般以剖切符号表示剖切位置和投射方向，并标注大写拉丁字母；在断面图上方，用同样的拉丁字母标出相应的名称，如图 1-89 中的 $B—B$。

（2）画在剖切符号延长线上的不对称移出断面，要画出剖切符号和箭头，不必标注字母如图 1-83。

（3）对称的重合断面，以及画在剖切平面延长线上的对称移出断面，无需标注，如图 1-88（a）所示；不对称的重合断面可省略标注，如图 1-88（b）所示。

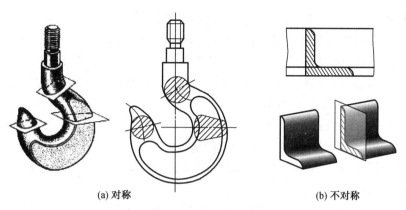

(a) 对称　　　　　　　　　　　　　(b) 不对称

图 1-88　重合断面

（4）不配置在剖切符号延长线上的对称移出断面，以及按投影关系配置的移出断面，一般无需标注箭头，如图 1-89 中的 $A—A$ 和 $C—C$。

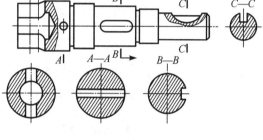

四、局部放大图和简化画法

为了使图形清晰和画图简便，制图标准规定了局部放大图和简化画法，可根据需要选用。

图 1-89　断面图标注示例

（一）局部放大图

为了表述清楚机件上的局部细小结构，可将这部分结构用大于原图形的比例画出，所得图形称为局部放大图，见图 1-90（a）。局部放大图可根据需要画成视图、剖视图或断面图，与被放大部分的原表达方式无关。局部放大图应尽量配置在被放大部位的附近。

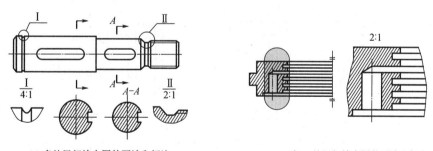

(a) 多处局部放大图的画法和标注　　　　　　　　(b) 仅一处局部放大图的画法和标注

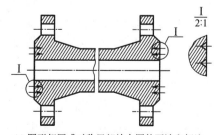

(c) 图形相同或对称局部放大图的画法和标注

图 1-90　局部放大图示例

画局部放大图时,应在原图形上用细实线圈出被放大部位,见图1-90(a)。当同一机件上有几个放大的部位时,必须用罗马数字依次标明被放大的部位,并在局部放大图上标出相应的罗马数字和放大比例,见图1-90(a)。如机件上被放大的部位只有一处时,只需在局部放大图上注明放大比例,见图1-90(b)。同一机件上不同部位的局部放大图,如图形相同或对称时,只需画出一个,见图1-90(c)。

（二）简化画法（GB/T 16675.1—2012）

为了便于绘图和看图,可采用国标规定的简化画法。下面介绍一些常用的简化画法。

（1）在不引起误解时,零件图中的移出断面允许省略剖面符号,但剖切标注仍按原规定执行,不可省略,如图1-91。

（2）当机件具有若干相同的结构并按一定的规律分布时,只需画出几个完整的结构。其余的以细实线联接,注明该结构的总数,如图1-92。

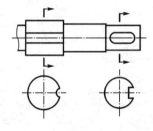 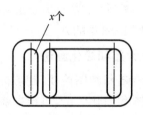

图1-91　简化画法示例一　　　　图1-92　简化画法示例二

（3）若干直径相同且呈规律分布的孔,可以只画出一个或几个。其余的以细点画线或细实线表示其中心位置,并注明孔的总数,如图1-93。

（4）网状物、编织物或机件上的滚花部分,可在轮廓线附近用细实线画出,如图1-94。

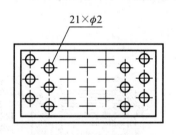 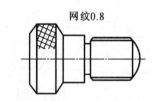

图1-93　简化画法示例三　　　　图1-94　简化画法示例四

（5）对于机件上的肋板、轮辐、薄壁等,如沿纵向剖切,这些结构不画剖面符号,而采用粗实线将其与邻接部分分开,如图1-95(a)。当回转体机件上均匀分布的肋板、轮辐、孔等结构不处于剖切平面上时,可将这些结构旋转到剖切平面上再画出,如图1-95(b)。

（6）与投影面的倾斜角度小于或等于30°的圆或圆弧,其投影可用圆或圆弧代替,如图1-96。

（7）在不引起误解的情况下,对称机件的视图可以只画出一半或四分之一,并在对称中心线的两端画出两条与其垂直的平行细实线,如图1-97。

（8）当机件上较小的结构及斜度等已在一个图形中表述清楚时,在其他图形中应当简化或省略,如图1-98。

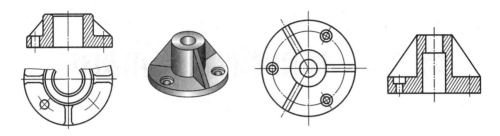

图 1-95 简化画法示例五

图 1-96 简化画法示例六

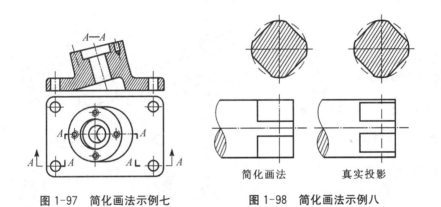

图 1-97 简化画法示例七   图 1-98 简化画法示例八

（9）圆柱形法兰盘和类似机件上均匀分布的孔，可采用图 1-99 所示方法表示。

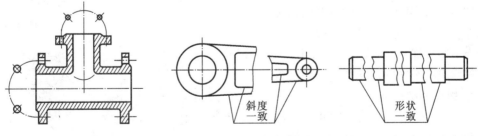

图 1-99 简化画法示例九   图 1-100 简化画法示例十

（10）较长的机件沿长度方向尺寸一致或有一定规律变化时，可断开后缩短绘制，如图 1-100。

第二章 通用零件和常用机构

第一节 标准件和常用件

一、螺纹

（一）螺纹的形成、结构和要素

1. 螺纹的形成

螺纹是在圆柱体（或圆锥体）表面上沿着螺旋线所形成的、具有相同轴向断面的连续凸起和沟槽。在圆柱（或圆锥）外表面上所形成的螺纹称为外螺纹；在圆柱（或圆锥）内表面上所形成的螺纹称为内螺纹（图 2-1）。

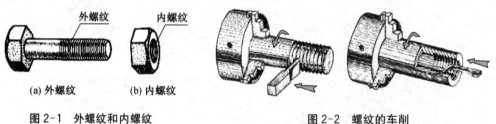

(a) 外螺纹 (b) 内螺纹

图 2-1 外螺纹和内螺纹

图 2-2 螺纹的车削

加工螺纹的方法很多。图 2-2 为在车床上加工内、外螺纹的示意图。工件做等速旋转运动，刀具沿工件轴向做等速直线移动，其合成运动使切入工件的刀具刀尖在工件表面切割出螺纹。箱体、底座等零件上的内螺纹（螺孔），一般是先用钻头钻孔，再用丝锥攻出螺纹（图 2-3）。图中加工的为不穿通螺孔，亦称盲孔。钻孔时，钻头顶部形成一个锥坑，其锥顶角约为 120°。

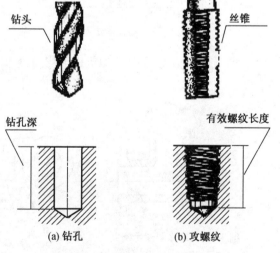

(a) 钻孔 (b) 攻螺纹

图 2-3 螺纹的加工方法

2. 螺纹的结构

（1）螺纹的末端。为了防止螺纹端部损坏和便于安装，通常在螺纹的起始处做成一定形状的末端，如圆锥形的倒角或球面形的圆顶等（图 2-4）。

（2）螺纹收尾和退刀槽。车削螺纹的刀具接近螺纹终止处时要逐渐离开工件，因而螺纹终止处附近的牙型要逐渐变浅，形成不完整的牙型。这段长度的螺纹称为螺纹收尾（图 2-5）。

为了避免产生螺尾和便于加工,有时在螺纹终止处预先车出一个退刀槽(图2-6)。

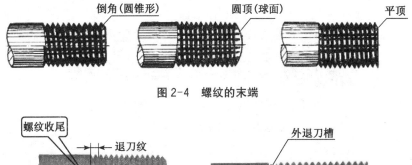

图2-4　螺纹的末端

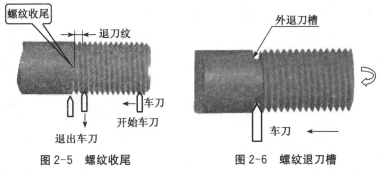

图2-5　螺纹收尾　　　　　　　　图2-6　螺纹退刀槽

3. 螺纹的要素

(1) 螺纹的牙型。在通过螺纹轴线的剖面上,螺纹的轮廓形,称为牙型(图2-7)。常用的牙型如图2-8所示。

图2-7　螺纹的牙型　　　　　　图2-8　常用的牙型

(2) 直径。螺纹直径代号用字母表示,大写字母指内螺纹,小写字母指外螺纹(图2-9)。

(3) 线数(n)。

① 单线螺纹:沿一条螺旋线形成的螺纹(图2-10)。

② 多线螺纹:沿两条或两条以上沿轴向等距分布的螺旋线所形成的螺纹(图2-11)。

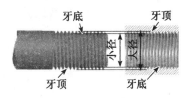

图2-9　螺纹的大径和小径

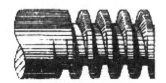　　　　

图2-10　单线螺纹　　　　　　图2-11　多线螺纹

4. 螺距(P)和导程(L)

(1) 螺距。指相邻两牙在中径线上对应两点间的轴向距离。

(2) 导程。指同一条螺旋线上相邻两牙在中径线上对应两点间的轴向距离(图2-12)。

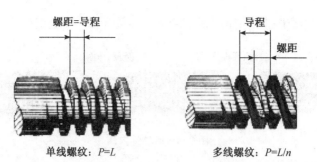

单线螺纹：$P=L$ 多线螺纹：$P=L/n$

图 2-12 螺纹的螺距和导程

5. 旋向

右旋螺纹指顺时针旋转时旋入的螺纹,左旋螺纹指逆时针旋转时旋入的螺纹(图 2-13)。

只有牙型、直径、螺距、线数和旋向均相同的内外螺纹,才能相互旋合。在螺纹的要素中,牙型、大径和螺距是最基本的决定要素,称为螺纹三要素。

图 2-13 螺纹的旋向

（二）螺纹的种类

螺纹按用途分为联接螺纹、传动螺纹和特种螺纹三种;其中,联接螺纹起联接作用,传动螺纹用于传递动力和运动。如下图所示:

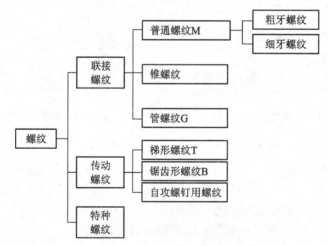

（三）螺纹的表示方法与标注

1. 螺纹的表示方法

(1) 内/外螺纹的表示方法见图 2-14 和图 2-15。

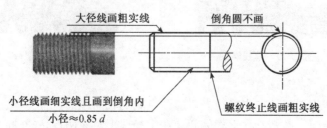

图 2-14 外螺纹的画法

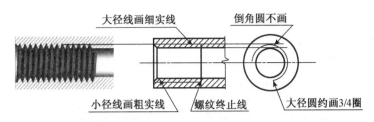

图 2-15 内螺纹的画法

（2）不穿通螺纹的表示方法如图 2-16 所示。

（3）螺纹局部结构的画法与标注如图 2-17 所示。

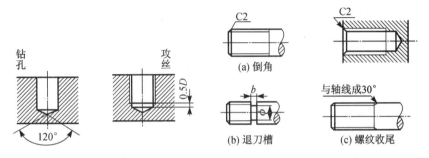

图 2-16 不穿通螺纹的表示方法　　图 2-17 螺纹局部结构的画法与标注

（4）螺纹牙型的表示方法如图 2-18 所示。

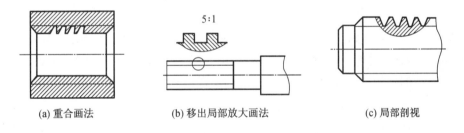

(a) 重合画法　　　　　(b) 移出局部放大画法　　　　　(c) 局部剖视

图 2-18 螺纹牙型的表示方法

（5）螺纹联接的规定画法如图 2-19 所示。

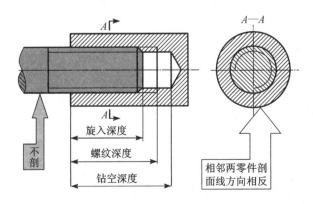

图 2-19 螺纹联接的规定画法

2. 螺纹的规定标注

螺纹按国家标准的规定画法画出后,为了表述螺纹的五要素以及允许的尺寸加工误差范围,必须按规定对螺纹进行标注。完整的标注由螺纹的特征代号、尺寸代号、公差代号及其他有必要做进一步说明的个别信息组成。

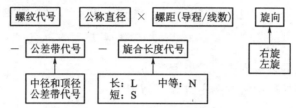

注:① 粗牙螺纹允许不标注螺距;② 单线螺纹允许不标注导程与线数;
　　③ 右旋螺纹省略"右"字,左旋时则标注"LH";④ 旋合长度为中等时,"N"可省略。

示例1:

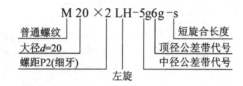

示例2:

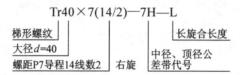

螺纹按标准化程度可分为标准螺纹、特殊螺纹和非标准螺纹。牙型、公称直径、螺距三要素均符合国家标准的是标准螺纹;只有牙型符合国家标准的是特殊螺纹;上述三要素均不符合国家标准的则是非标准螺纹。标准螺纹的要素尺寸可从有关标准中查得。

二、常用螺纹紧固件

螺纹紧固件的类型很多,常用的有螺栓、双头螺柱、螺钉、螺母和垫片等。这些零件的结构形式和尺寸均已标准化,可根据有关标准选用。它们的规格尺寸及标记见表2-1。

表2-1　常用螺纹紧固件

序号	名称(标准号)	图例及规格尺寸	标记示例
1	六角头螺栓 (GB/T 5782—2000)	M8　40	螺纹规格 d＝M8、公称长度 l＝40 mm、性能等级为8.8级、表面氧化、产品等级为 A 级的六角头螺栓: 螺栓 GB/T 5782　M8×40
2	双头螺柱 (GB/T 897—1988)	M8　35	两端均为粗牙普通螺纹、d＝8 mm、l＝35 mm、性能等级为4.8级、不经表面处理、B 型、b_m＝ld 的双头螺柱: 螺柱 GB/T 897　M8×35

序号	名称（标准号）	图例及规格尺寸	标记示例
3	Ⅰ型六角螺母 （GB/T 6170—2000）	M8 规格8 mm	螺纹规格 d＝M8、性能等级为 8 级、不经表面处理、产品等级为 A 级的Ⅰ型六角螺母： 螺母 GB/T 6170　M8
4	平垫圈—A级 （GB/T 97.1—2002）	规格8 mm	规格 8 mm、性能等级为 140HV 级、不经表面处理的平面垫圈： 垫圈　GB/T 97.1　8
5	标准型弹簧垫圈 （GB/T 93—1987）	规格8 mm	规格 8 mm、材料为 65Mn、表面氧化的标准型弹簧垫圈： 垫圈　GB/T 93　8
6	开槽盘头螺钉 （GB/T 67—2000）	M8 25	螺纹规格 d＝M8、公称长度 l＝25 mm、性能等级为 4.8 级、不经表面处理的 A 级开槽盘头螺钉： 螺钉 GB/T 67　M8×25
7	开槽沉头螺钉 （GB/T 68—2000）	M8 45	螺纹规格 d＝M8、公称长度 l＝45 mm、性能等级为 4.8 级、不经表面处理的 A 级开槽沉头螺钉： 螺钉　GB/T 68　M8×45
8	内六角圆柱头螺钉 （GB/T 70.1—2000）	M8 30	螺纹规格 d＝M8、公称长度 l＝30 mm、性能等级为 8.8 级、表面氧化的 A 级内六角圆柱头螺钉： 螺钉　GB/T 70.1　M8×30
9	开槽锥端紧定螺钉 （GB/T 71—1985）	M8 25	螺纹规格 d＝M8、公称长度 l＝25 mm、性能等级为 14H 级、表面氧化开槽锥端紧定螺钉： 螺钉　GB/T 71　M8×25

　　螺栓、双头螺柱和螺钉都是在圆柱上切削出螺纹,起联接作用,其长短取决于被联接零件的有关厚度。螺栓用于被联接件允许钻成通孔的情况,如图 2-20 所示。双头螺柱用于被联接零件之一较厚或不允许钻成通孔的情况,故两端都有螺纹,一端螺纹用于旋入被联接零件的螺孔内,如图 2-21 所示。螺钉则用于不经常拆开和受力较小的联接,按其用途可分为联接螺钉(图 2-22)和紧定螺钉(图 2-23)。

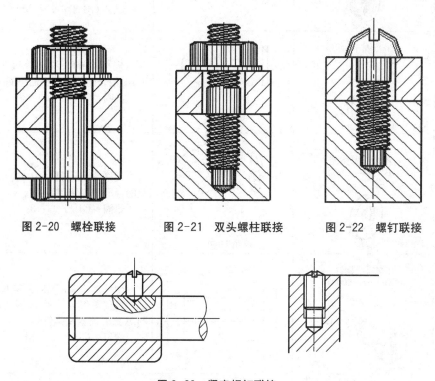

图 2-20　螺栓联接　　　　图 2-21　双头螺柱联接　　　　图 2-22　螺钉联接

图 2-23　紧定螺钉联接

三、齿轮

　　齿轮传动在机械中被广泛应用,常用来传递动力、改变旋转速度和旋转方向。齿轮的种类很多,常见的齿轮传动形式有以下三种:

　　(1)圆柱齿轮——用于平行两轴间的传动,如图 2-24(a)和(b)所示。

　　(2)圆锥齿轮——用于相交两轴间的传动,如图 2-24(c)所示。

　　(3)蜗杆与蜗轮——用于交叉两轴间的传动,如图 2-24(d)所示。

　　(a) 圆柱直齿轮传动　　　　(b) 圆柱斜齿轮传动　　　　(c) 锥齿轮传动　　　　(d) 蜗杆传动

图 2-24　常见的齿轮传动形式

齿轮一般由轮体和轮齿两个部分组成。轮体部分根据设计要求有平板式、轮辐式、辐板式等。轮齿部分的齿廓曲线可以是渐开线、摆线、圆弧，目前最常用的是渐开线齿形。轮齿的方向有直齿、斜齿、人字齿等。轮齿有标准与变位之分，具有标准轮齿的齿轮称为标准齿轮。

这里仅介绍齿廓曲线为渐开线的标准齿轮的有关知识和规定画法。

（一）直齿圆柱齿轮

直齿圆柱齿轮在齿轮传动中应用最广，其齿向与齿轮轴线平行。

1. 直齿圆柱齿轮各部分的名称和尺寸关系

直齿轮各部分的名称和尺寸关系（如图 2-25 所示）。

（1）齿数 z：轮齿的数量。

（2）齿顶圆 d_a：圆柱齿轮的齿顶圆柱面与端平面的交线。

（3）齿根圆 d_f：圆柱齿轮的齿根圆柱面与端平面的交线。

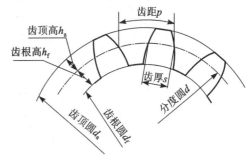

图 2-25 直齿轮各部分的名称和尺寸关系

（4）分度圆 d：圆柱齿轮的分度圆柱面与端平面的交线。在标准情况下，齿槽宽 e 与齿厚 s 近似相等，即 $e \approx s$。

（5）齿高 h：由轮齿的齿顶和齿根在径向的高度称为全齿高 h；齿顶圆与分度圆之间的径向距离为齿顶高 h_a；分度圆与齿根圆之间的径向距离为齿根高 h_f。

（6）齿距 p：在分度圆上，相邻两齿廓对应点之间的弧长为齿距 p。在标准齿轮中，分度圆上齿厚 s＝齿槽 e，即 $p＝s+e$。

（7）压力角 α：在节点处，两齿廓曲线的公法线与两节圆的内公节线所夹的锐角，称为压力角。压力角一般为 $20°$。

（8）模数 m：由于齿轮的分度圆周长＝$zp＝\pi d$，则 $d＝zp/\pi$。为计算方便，将 p/π 称为模数 m，则 $d＝mz$。模数是设计、制造齿轮的重要参数，单位为毫米（mm）。齿轮模数数值已经标准化，大大有利于齿轮的设计、计算与制造。齿轮标准模数系列表见表 2-2。

表 2-2 齿轮标准模数系列表（GB/T 135—2008） 单位：mm

第一系列	1.25	1.5	2	2.5	3	4	5	6	8	10	12
	16	20	25	32	40	50					
第二系列				1.75	2.25	2.75	(3.25)	3.5	(3.75)	4.5	5.5
	(6.5)	7	9	(11)	14	18	22	28	(30)	36	45

注：① 优先选用第一系列，括号内的尽量不用。

② $m＝1$ mm，属于小模数齿轮的模数系列。

不同模数的轮齿大小如图 2-26 所示。

模数在工程中具有以下实际意义：

（1）模数大，齿轮的轮齿就大，轮齿所能承受的载荷也就越大。

（2）不同模数齿轮的轮齿，应选用相应模数的刀具进行加工。一对相互啮合的齿轮，其模数应相同。

图 2-26 不同模数的轮齿大小

（3）齿轮各部分的尺寸与模数及齿数成一定的关系。

标准直齿圆柱齿轮各部分尺寸的计算公式见表 2-3。

表 2-3 标准直齿圆柱齿轮各部分尺寸计算

序号	名称	代号	计算公式	说明
1	齿数	z	根据设计要求或测绘而定	z、m 是齿轮的基本参数，设计计算时，先确定 m、z，然后得出其他各部分尺寸
2	模数	m	$m=p/\pi$，根据强度计算或测绘而得	
3	分度圆直径	d	$d=mz$	
4	齿顶圆直径	d_a	$d_a=d+2h_a=m(z+2)$	齿顶高 $h_a=m$
5	齿根圆直径	d_f	$d_f=d-2h_f=m(z-2.5)$	齿根高 $h_f=1.25m$
6	齿宽	b	$b=2p\sim3p$	齿距 $p=\pi m$
7	中心距	a	$a=\dfrac{d_1+d_2}{2}=\dfrac{m}{2}(z_1+z_2)$	—

注：① 中心距 a——两啮合齿轮轴线之间的距离。在标准情况下，$a=d_1/2+d_2/2=(z_1+z_2)\cdot m/2$。

　　② 速比 i——主动齿轮转速（r/min）与从动齿轮转速之比。即由于转速与齿数成反比，速比亦等于从动齿轮齿数与主动齿轮齿数之比，$i=n_1/n_2=z_2/z_1$。

2. 直齿圆柱齿轮的规定画法（GB/T 4495.2—2003）

齿轮的轮齿部分，一般不按真实投影绘制，而是采用规定画法。

（1）齿顶圆和齿顶线用粗实线绘制。

（2）分度圆和分度线用细点画线绘制。

（3）齿根圆和齿根线用细实线绘制，可省略不画；在剖视图中，齿根线用粗实线绘制。

① 单个齿轮的画法：通常用两个视图表示，轴线水平放置；其中平行于齿轮轴线的投影面的视图画成全剖或半剖视图，另一个视图表示孔和键槽的形状。分度圆的点划线应超出轮廓线。在剖视图中，当剖切面通过齿轮轴线时，齿轮一律按不剖处理，如图 2-27 所示。

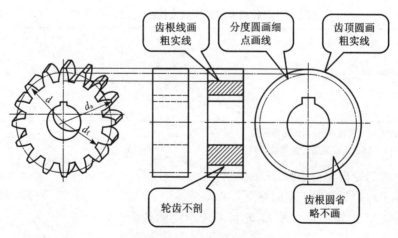

齿根线画粗实线　　分度圆画细点画线　　齿顶圆画粗实线

轮齿不剖　　齿根圆省略不画

图 2-27 单个齿轮的画法

② 两个齿轮的啮合画法：一般用两个视图表达。在垂直于圆柱齿轮轴线的投影面的视

图中,啮合区内的齿顶圆均用粗实线绘制,也可省略不画,如图 2-28 所示。

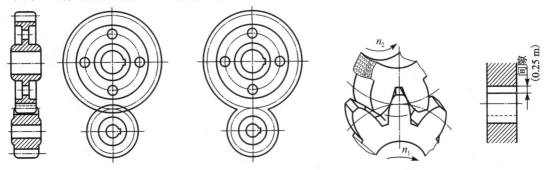

图 2-28 两个齿轮的啮合画法　　　　图 2-29 两齿轮啮合区的投影对应关系

在圆柱齿轮啮合的剖视图中,当剖切平面通过两啮合齿轮轴线时,在啮合区内,将一个齿轮的轮齿用粗实线绘制,另一个齿轮的轮齿被遮挡的部分用虚线绘制,也可省略不画。啮合区的投影对应关系如图 2-29 所示。

圆柱齿轮的零件图如图 2-30 所示。

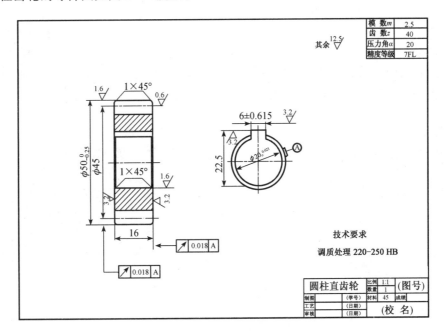

模 数 m	2.5
齿 数 z	40
压力角 α	20
精度等级	7FL

技术要求

调质处理 220~250 HB

圆柱直齿轮		比例	1:1	(图号)
		数量	1	
制图	(学号)	材料	45	成绩
工艺	(日期)			
审核	(日期)		(校 名)	

图 2-30 圆柱齿轮的零件图

(二)圆锥齿轮

由于圆锥齿轮的轮齿分布在圆锥面上,所以轮齿沿圆锥母线方向的大小不同,模数、齿数、齿高、齿厚也随之变化,通常规定以大端参数为准。

1. 直齿圆锥齿轮各部分名称和尺寸关系

圆锥齿轮各部分的名称与圆柱齿轮基本相同,但圆锥齿轮还有相应的五个锥面和三个锥角,如图 2-31 所示。

(1)五个锥面如下:

① 齿顶圆锥面(顶锥):由各个轮齿的齿顶所组成的曲面,相当于未切齿前的轮坯圆锥面。

② 齿根圆锥面(根锥):包含锥齿轮齿根的曲面。

③ 分度圆锥面(分锥)和各节圆锥面(节锥):分度圆锥是介于顶锥和根锥之间的一个圆锥面,在这个圆锥面上,有锥齿轮的标准压力角和模数。当一对圆锥齿轮啮合传动时,有两个相切的、做纯滚动的圆锥面,称为节圆锥面(节锥)。在标准情况下,分度圆锥面和节圆锥面是相重合的。

④ 背锥面(背锥):从理论上讲,锥齿轮大端应为球面渐开线齿形,为了简化起见,用一个垂直于分度圆锥的锥面来近似地代替理论球面,称为背锥。背锥面与分度圆锥面相交的圆为分度圆 d。背锥面与顶锥面相交的圆称为锥齿轮的齿顶圆 d_a,齿顶圆所在的平面至定位面的距离称为轮冠距 K。

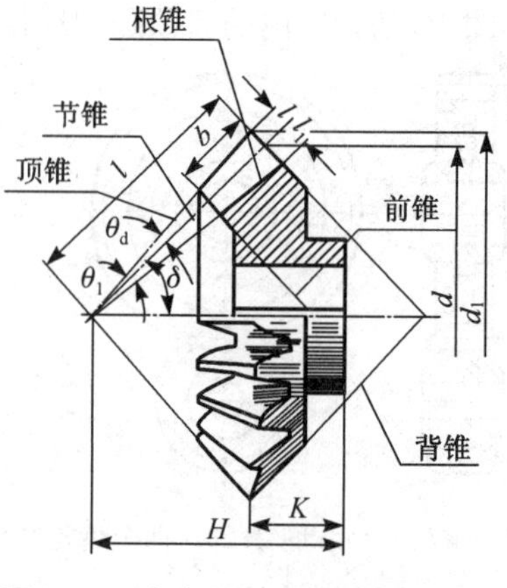

⑤ 前锥面(前锥):在锥齿轮小端,垂直于分度圆锥面的锥面。有的齿轮小端不加工出前锥面。

图 2-31 直齿圆锥齿轮各部分名称

2. 锥齿轮的规定画法

单个锥齿轮的画法及其画图步骤:锥齿轮一般用两个视图或用一个视图和一个局部视图表示,轴线水平放置,主视图可采用剖视,剖切平面通过齿轮轴线时,轮齿按不剖处理。在平行于锥齿轮轴线的投影面的视图中,用粗实线画出齿顶线及齿根线,用点划线画出分度线。在垂直于锥齿轮轴线的投影面的视图中,规定用点划线画出大端分度圆,用粗实线画出大端齿顶圆和小端齿顶圆,齿根圆省略不画。如图 2-32 所示。

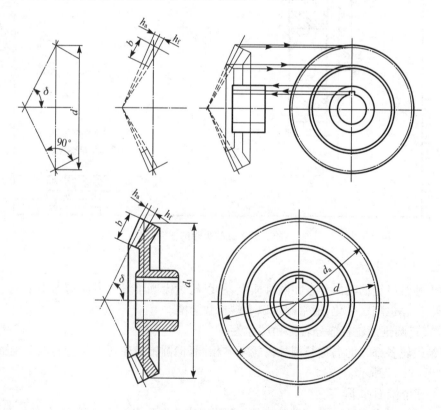

图 2-32 锥齿轮的规定画法

四、键联接与销联接

为了把轮和轴装在一起,使其同时转动,通常在轮和轴的表面分别加工出键槽,然后把键放入轴的键槽内,再将带键的轴装入轮孔中。这种联接称为键联接,如图2-33所示。

常用的键有普通平键、半圆键和钩头楔键等(图2-34)。其中,普通平键最常用。

(a) 普通平键　　(b) 半圆键　　(c) 钩头楔键

图 2-33　键联接

图 2-34　常用键

键一般都是标准件,画图时可根据有关标准查得相应的尺寸及结构。键的形式、标准及标记示例见表2-4。

表 2-4　键的形式、标准及标记示例

名称	标准号	图例	标记示例
普通平键	GB/T 1096—2003	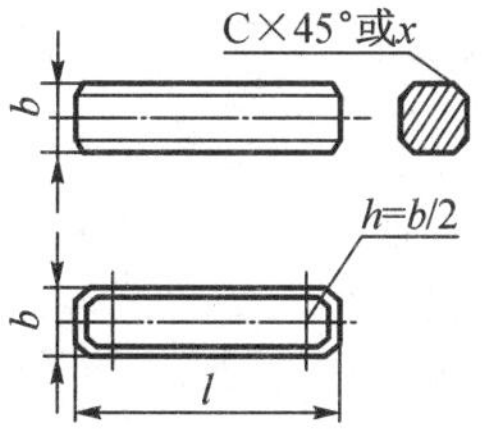	$b=18$, $h=11$, $L=100$ 的圆头普通键(A 型): 键 18×100 GB/T 1096—2003
半圆键	GB/T 1099.1—2003	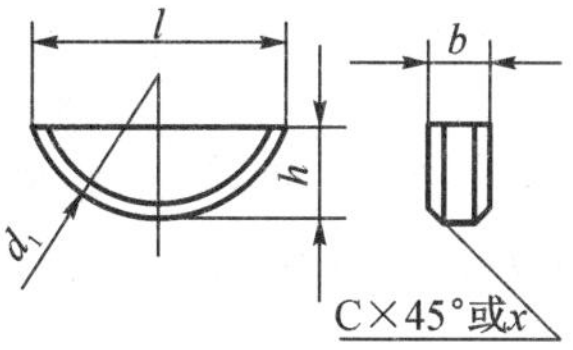	$b=6$, $h=10$, $L\approx4.5$ 的半圆键: 键 6×25 GB/T 1099.1—2003
钩头楔键	GB/T 1565—2003	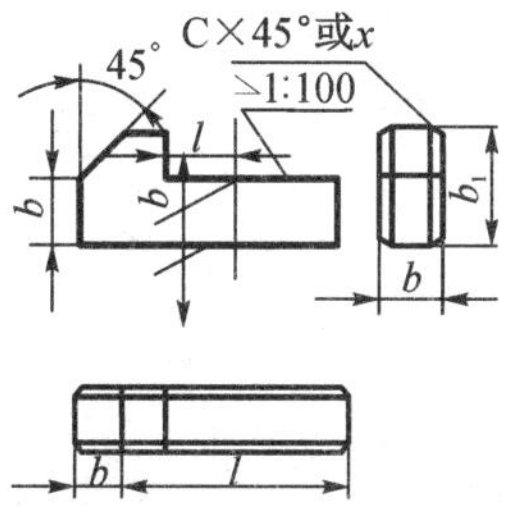	$b=18$, $h=11$, $L=100$ 的钩头楔键: 键 18×100 GB/T 1565—2003

普通平键和半圆键的两个侧面是工作面,上、下两底面是非工作面。联接时,键的两个侧面与轴和轮毂的键槽侧面相接触,而上底面与轮毂键槽的顶面之间则留有间隙。因此,在其键联接的画法中,键两侧与轮毂键槽应接触,画成一条线;而键的顶面与键槽不接触,画成两条线,如图2-35所示。

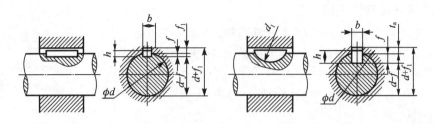

图 2-35　键与键槽的联接画法

销是标准件,在机械中,主要用于联接、定位或防松等。常用的销有圆柱销、圆锥销和开口销等。它们的形式、标准、画法及标记示例见表 2-5。

表 2-5　销的形式、标准画法及标记

名称	标准号	图例	标记示例
圆柱销	GB/T 119.2—2000		公称直径 $d = 8$ mm、长度 $l = 18$ mm、材料 35 钢、热处理 28~38HRC、表面氧化处理的 A 型圆柱销: 销　GB/T 119.2—2000　A8×18
圆锥销	GB/T 117—2000		公称直径 $d = 10$ mm、长度 $l = 60$ mm、材料为 35 钢、热处理硬度为 28~38HRC、表面氧化处理的 A 型圆锥销: 销　GB/T 117—2000　A10×60
开口销	GB/T 91—2000		公称直径 $d = 5$ mm、长度 $l = 50$ mm、材料为低碳钢不经表面处理的开销: 销　GB/T 91—2000　5×50

五、轴

轴的功用主要是支持旋转零件(如凸轮、齿轮、链轮和带轮等),它的结构和尺寸是由被支持的零件和支承它的轴承的结构和尺寸决定的,是重要的非标准零件。

(一)轴的分类与应用

按轴的功用和承载情况,轴可分为以下三种类型:

(1)转轴。既传递转矩又承受弯矩的轴,称为转轴,如齿轮减速器中的轴(图 2-36)。机器中的多数轴均属转轴。

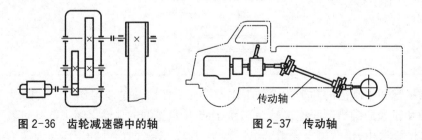

图 2-36　齿轮减速器中的轴　　　图 2-37　传动轴

(2)传动轴。只传递转矩而不承受弯矩的轴,称为传动轴,如汽车变速箱与后桥之间的传动轴(图2-37)。

（3）心轴。只承受弯矩而不传递转矩的轴,称为心轴。心轴按其是否转动又分为:转动心轴,如车辆心轴(图2-38);固定心轴,如滑轮的轴(图2-39)。

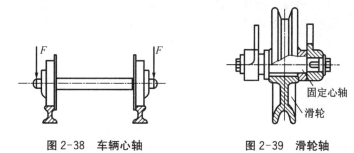

图2-38　车辆心轴　　　　　图2-39　滑轮轴

根据轴线的几何形状不同,轴还可分为直轴(图2-36～图2-39)和曲轴(图2-40)。曲轴常用于往复式内燃机。此外,还有轴线可按使用要求变化的挠性轴(图2-41)。挠性轴可将转矩和旋转运动绕过障碍,如图2-41中A和B,传到所需要的位置,常用于建筑机械中的捣振器、汽车中的转速表等。

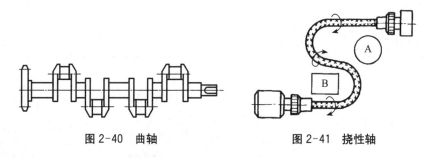

图2-40　曲轴　　　　　　　图2-41　挠性轴

轴的设计一般要解决以下两方面的问题:

（1）具有足够的承载能力。轴应具有足够的强度和刚度,以保证轴能正常工作。

（2）具有合理的结构形状。轴的结构应使轴上的零件能可靠地固定和便于装拆,同时要求轴加工方便、成本低廉。

（二）轴的材料选择

转轴工作时的应力多为重复性的变应力,所以其失效形式多为疲劳破坏,因此轴的材料要求有一定的疲劳强度,且对应力集中的敏感性低,轴与滑动轴承发生相对运动的表面应具有足够的耐磨性。轴的材料还应按经济性和工艺性等要求合理选择,主要采用碳素钢和合金结构钢。

碳素钢比合金结构钢价廉,对应力集中的敏感性低,经热处理后可改善其综合力学性能,故应用广泛。常用的碳素钢有35、40、45等优质碳素钢,其中45钢应用最普遍。为保证其力学性能,应进行调质或正火处理。

合金结构钢具有更高的力学性能和更好的淬火性能,但对应力集中比较敏感,且价格较高,故多用于要求减轻质量、提高轴颈耐磨性,以及在高温或低温条件下工作的轴。由于在常温下合金结构钢与碳素钢的弹性模量相差很小,因此,用合金结构钢代替碳素钢并不能提高轴的刚度。

轴的毛坯一般采用轧制的圆钢或锻件。锻件的内部组织较均匀,强度较高,故重要的轴,以及大尺寸的阶梯轴,应采用锻制毛坯。

球墨铸铁适用于形状复杂的轴,可用来代替合金结构钢做内燃机中的曲轴、凸轮轴,具有成本低廉、吸振性好、对应力集中敏感性低、强度可满足要求等优点;但铸件品质不易控制,可靠性较差。轴的常用材料及其力学性能见表2-6。

表 2-6 轴的常用材料及其力学性能

材料及 热处理	毛坯直径 (mm)	硬度 HBS	抗拉强度 (MPa)	屈服极限 (MPa)	持久极限 (MPa)	应用说明
35 正火		143~187	520	270	250	一般轴
45 正火	≤100	170~217	600	300	275	较重要轴,应用最广
45 调质	≤200	217~255	650	360	300	
40Cr 调质	≤100	241~286	750	550	350	载荷较大,无大冲击的重要轴
40MnB 调质	≤200	241~286	750	500	335	用途与40Cr接近
35CrMo 调质	≤100	207~269	750	550	390	重载荷轴
20Cr 渗碳 淬火回火	≤60	HRC 56~62	650	400	280	用于强度、韧性和耐磨性均较高的轴

(三)轴的结构

图2-42所示为一齿轮减速器中的高速轴。轴上与轴承配合的部分称为轴颈,与传动零件(带轮、齿轮、联轴器)配合的部分称为轴头,联接轴颈与轴头的非配合部分统称为轴身。

轴的结构设计的基本要求包括:①轴和轴上的零件有准确的工作位置(定位要求);②各零件可靠地相互联接(固定要求);③轴便于加工,轴上零件易于装拆(工艺要求);④尽量减小应力集中(疲劳强度要求);⑤轴各部分的直径和长度合理(尺寸要求);等等。

1. 轴上零件的定位

阶梯轴上截面变化的部位称为轴肩,它

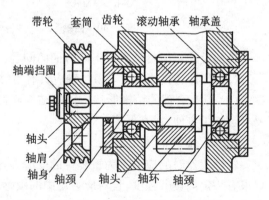

图 2-42 齿轮减速器中的高速轴

对轴上的零件起轴向定位的作用。图2-43中,带轮、齿轮和右端轴承都是依靠轴肩做轴向定位的,左端轴承依靠套筒定位,两端轴承盖将轴在箱体上定位。

为了使轴上零件的端面能与轴肩紧贴,如图2-43所示,轴肩的圆角半径 R 必须小于零件孔端的圆角半径 R_1 或倒角 C_1,见图中(a);否则,无法紧贴,见图中(b)。轴肩或轴环的高度 h 必须大于 R_1 或 C_1。轴环与轴肩尺寸 $h \approx (0.07d+3) \sim (0.1d+5)$ mm, $b \approx 1.4h$,零件孔端的圆角半径 R_1 或倒角 C_1 的数值见表2-7。与滚动轴承相配的尺寸,查轴承标准中的装配尺寸。

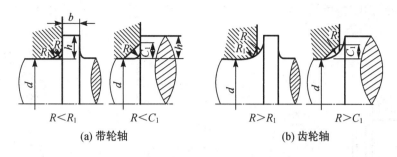

(a) 带轮轴　　　　　　　　　　(b) 齿轮轴

图 2-43　轴上零件的定位

表 2-7　零件孔端的圆角半径 R_1 或倒角 C_1

轴径 d(mm)	>10~18	>18~30	>30~50	>50~80	>80~100
R(轴)	0.8	1.0	1.6	2.0	2.5
R_1 或 C_1(孔)	1.6	2.0	3.0	4.0	5.0

注:本表出自 GB/T 6403.4—2008。

2. 轴上零件的固定

(1) 轴上零件的轴向固定。轴上零件的轴向固定是为了防止在轴向力作用下零件沿轴向窜动。常用的固定方式有轴肩、套筒、圆螺母及轴端挡圈等。图 2-42 中,齿轮沿轴向双向固定,向右是通过轴肩,向左则通过套筒顶在滚动轴承内圈上。当无法采用套筒或套筒太长时,可采用圆螺母加以固定(图 2-44)。带轮靠轴肩及轴端挡圈实现双向固定,图 2-45 所示是这种轴端挡圈的两种形式。

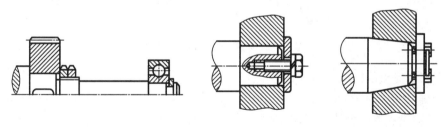

图 2-44　圆螺母固定　　　　　图 2-45　轴流挡圈固定

采用轴肩和圆螺母将旋转零件沿轴向固定时,轴头长度要略短于轮载长度 2~3 mm,以保证圆螺母端面紧靠轮毂端面,如图 2-44 所示。图 2-42 中,采用轴肩与轴端挡圈固定带轮,用轴肩与套筒固定齿轮,这两处的轴头长度也短于轮毂长度,就是为了保证挡圈、套筒的端面紧靠轮毂端面。

轴向力较小时,零件在轴上的固定可采用弹性挡圈(图 2-46)、紧定螺钉(图 2-47)或销(图 2-48)。

(2) 轴上零件的周向固定。轴上零件的周向固定是为了防止零件与轴产生相对转动。常用的固定方式有键联接、花键联接,以及轴与零件的过盈联接等。在减速器中,齿轮与轴常同时采用普通平键联接和过盈联接作为周向固定,这样可传递更大的转矩。

当传递小转矩时,可采用紧定螺钉(图 2-47)或销(图 2-48),以同时实现轴向和周向固定。

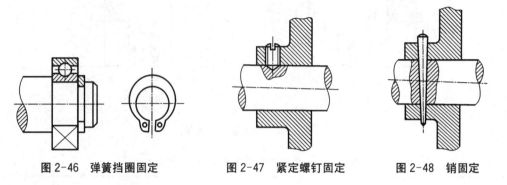

图 2-46　弹簧挡圈固定　　　图 2-47　紧定螺钉固定　　　图 2-48　销固定

3. 轴的结构工艺性

为了便于零件的装拆和固定,常将轴设计成阶梯形。图 2-49 为图 2-42 所示阶梯轴上零件的装拆图,图中表明:可依次把齿轮、套筒、左端滚动轴承、轴承盖、带轮和轴端挡圈从轴的左端装入,这样,将零件往轴上装配时,既不擦伤配合表面,又使得装配方便;右端滚动轴承从轴的右端装入。为使左、右端滚动轴承易于拆卸,套筒厚度与轴肩高度均应小于滚动轴承内圈的厚度。

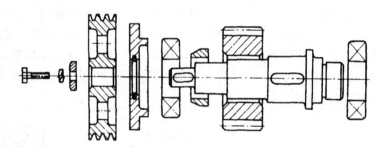

图 2-49　阶梯轴上零件的装拆图

为了车制完整的螺纹,应留出退刀槽[图 2-50(a)],其结构尺寸见 GB/T 3—1997;为了磨削出准确的定位轴肩,应留出砂轮越程槽[图 2-50(b)],其结构尺寸见 GB/T 6403.5—2008;为了测量和磨削轴的外圆,在轴的端部应制有定位中心孔[图 2-50(c)],其结构尺寸见 GB/T 145—2001;对于过盈联接,其轴头要制成引导装配的锥度[图 2-50(d)],图中 $c \geqslant 0.01d + 2$ mm。

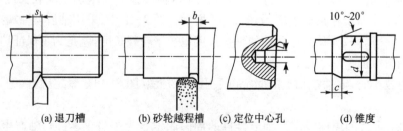

(a) 退刀槽　　　(b) 砂轮越程槽　　(c) 定位中心孔　　　(d) 锥度

图 2-50　轴的结构工艺

4. 减小应力集中，提高轴的疲劳强度

进行轴的结构设计时，应尽量减小应力集中。由于合金结构钢对应力集中比较敏感，结构设计时更应注意。轴截面突然变化的地方都会产生应力集中。因此，阶梯轴在截面尺寸变化处应采用圆角过渡，圆角半径不宜过小。在重要的结构中，可采用凹切圆角[图 2-51(a)]或中间环[图 2-51(b)]，以增大轴肩圆角半径，缓和应力集中。

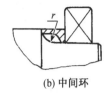

(a) 凹切圆角　　　　(b) 中间环

图 2-51　减小应力集中的结构设计

5. 轴的直径和长度

轴的直径应满足强度与刚度的要求。此外，还要根据以下具体情况来确定轴的实际直径：

(1) 与滚动轴承配合的轴颈直径，必须符合滚动轴承内径的标准系列。

(2) 轴上车制螺纹部分的直径，必须符合外螺纹大径的标准系列。

(3) 安装联轴器的轴头直径应与联轴器的孔径范围相适应。

(4) 与零件(如齿轮、带轮等)相配合的轴头直径，应采用按优先系数制定的标准尺寸(GB 2822—81)。

设计阶梯轴时，各段直径由估算的最小直径起，按定位、固定的结构需要，逐段放大。阶梯轴各轴段长度以给定或选定的齿轮、轴承宽度为基础，按箱体结构需要，在草图上拟定。

六、轴承

轴承的功用是支持做旋转运动的轴(包括轴上的零件)，保持轴的旋转精度和减小轴与支承间的摩擦和磨损。按轴与轴承间的摩擦形式，轴承可分为以下两大类：

(1) 滑动轴承。滑动轴承工作时，轴与轴承间存在滑动摩擦，为减小摩擦与磨损，轴承内常加有润滑剂。图 2-52(a)所示为滑动轴承的结构原理图。

(2) 滚动轴承。滚动轴承内有滚动体，运行时轴承内存在滚动摩擦。与滑动摩擦相比，滚动摩擦的摩擦与磨损较小。图 2-52(b)所示为滚动轴承的结构原理图。

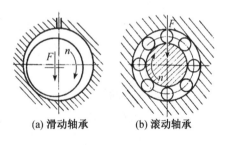

(a) 滑动轴承　　　(b) 滚动轴承

图 2-52　轴承的结构

滚动轴承的适用范围十分广泛，一般速度和一般载荷的场合都可采用。滑动轴承适用于要求不高或有特殊要求的场合，如：①转速特高；②承载特重；③回转精度特高；④承受巨大冲击和震动；⑤轴承结构需要剖分；⑥径向尺寸特小；等。在金属切削机床、内燃机、汽轮机、机车车辆、建筑机械，以及矿山机械中的搅拌机和粉碎机，常采用滑动轴承。

(一) 滑动轴承及其工作原理

滑动轴承按其承受载荷的方向分为：①径向滑动轴承，它主要承受径向载荷；②止推滑动轴承，它只承受轴向载荷。

滑动轴承按摩擦(润滑)状态可分为：①液体摩擦(润滑)轴承；②非液体摩擦(润滑)轴承。

1. 液体摩擦轴承

液体摩擦轴承的工作原理是，用压力油将轴和轴承表面完全隔开。按油液产生压力的方法分为以下两种：

(1) 液体静压轴承。图 2-53 所示为液体静压轴承系统示意图。其工作原理是，利用油泵 1 中的压力油，通过节流器 2 调压后，输入轴承 3 的各油腔内，从而将轴 4 托起，形成液体润滑。由于压力由油泵提供，与轴的速度无关，所以始终能保持稳定的液体润滑状态。这种轴承适用于高速、高精度要求的场合，且不会损伤轴和轴承，但结构复杂、成本高。

(2) 液体动压轴承。如图 2-54(a)所示，液体动压轴承的轴和孔间呈楔形，只要油的黏度适当，油量充分，转速足够高，便可实现液体润滑；如果外载与液体压力平衡，进油量与出油量平衡，发热量与散热量平衡(保持恒温)，便能获得稳定的液体润滑。但在启动和停车阶段，由于转速由零开始或趋于零，所以是非液体润滑状态。图 2-54(a)、(b)中的虚线分别表示沿轴的圆周和轴线方向，液体压力 p 的分布状态。

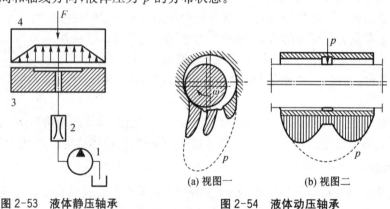

图 2-53　液体静压轴承　　　(a) 视图一　　　(b) 视图二
图 2-54　液体动压轴承

2. 非液体摩擦轴承

非液体摩擦轴承依靠吸附于轴和轴承孔表面的极薄油膜，而达到降低摩擦、减少磨损的目的。除静压轴承外，滑动轴承在不具备收敛楔形间隙、低速、重载、供油不足或启动和停车阶段，均处于非液体摩擦状态。

(二) 滑动轴承的结构

1. 径向滑动轴承

(1) 整体式滑动轴承。整体式滑动轴承的结构如图 2-55 所示，由轴承座 1 和轴承衬 2 组成。轴承座上部有油孔，整体衬套内有油沟，分别用以加油和引油，进行润滑。这种轴承结构简单，价格低廉，但轴的装拆不方便，衬套磨损后也不能修复，只适用于径向载荷不超出底平面垂直中线左/右 35°以内、轴颈直径不大于 50 mm 的场台。整体有衬滑动轴承座标准为 JB/T 2560—2007，轴承内径(孔径)为公称尺寸。

(2) 对开式滑动轴承。对开式滑动轴承如图 2-55 所示。轴承盖 1 和底座 2 由螺柱 3 联接，盖与座配合处做成阶梯状榫口，以便于对中。轴瓦也分为上、下两片，装配后两片瓦要适当压紧，使其不随轴转动。轴承盖上有孔，可装配油杯或油管。轴瓦上有油孔和油沟。

对开式滑动轴承按对开面位置，可分为平行于底面的正滑动轴承(图 2-55)和与底面成 45°的斜滑动轴承(图 2-56)；按联接螺柱数量，可分为二螺柱滑动轴承和四螺柱滑动轴承，以承受不同方向、大小的载荷。

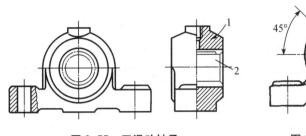

图 2-55 正滑动轴承

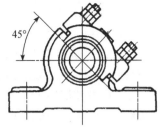

图 2-56 斜滑动轴承

（3）调心轴承。如图 2-57 所示，当轴承宽度 B 大时（$B/d >$ 1.5），由于轴的变形，轴颈与轴承边缘会发生局部接触现象。为改善这种接触情况，将轴瓦与轴承座配合的表面做成球面，球心位于轴线上，使轴瓦可绕轴承座的球心自动调整轴线位置，以适应轴的变形。这种轴承称为调心轴承。

2. 止推滑动轴承

止推滑动轴承由于轴与轴承接触面平行，其间不能形成收敛楔形间隙，所以润滑条件比径向滑动轴承差。图 2-58 所示为三种不同结构形式的止推滑动轴承。

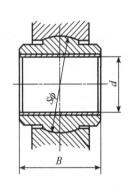

图 2-57 调心轴承

（1）图中(a)为实心止推滑动轴承，轴颈端面的中部压强比周边大，油液不易进入，润滑条件差。

（2）图中(b)为空心止推滑动轴承，轴颈端面的中空部分能存油，压强也比较均匀，承载能力不大。

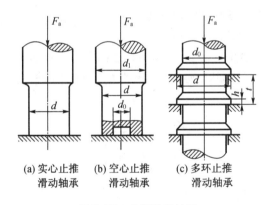

(a) 实心止推　(b) 空心止推　(c) 多环止推
　滑动轴承　　　滑动轴承　　　滑动轴承

图 2-58 止推滑动轴承

（3）图中(c)为多环止推滑动轴承，压强较均匀，能承受较大载荷；但各环承载能力不等，环数不能太多。

（三）轴瓦材料和轴瓦结构

轴瓦（包括轴套、轴承衬）直接与轴颈接触，它的材料和结构对于轴承的性能有直接影响，必须十分重视。

1. 轴瓦材料

轴瓦材料应根据轴承的工作情况选择。由于轴承在使用时有摩擦、磨损、润滑和散热等问题，所以轴瓦材料应具备下述性能：①摩擦系数小；②耐磨、抗腐蚀，抗胶合能力强；③有足够的强度和塑性；④导热性好，热膨胀系数小。但一种材料难以满足多种性能要求，只能按使用时的主要要求进行选择。常用的轴瓦材料的性能简要说明如下：

（1）轴承合金。轴承常用的有锡基和铅基两种。锡基轴承合金（锡锑轴承合金）以锡为软基体，体内悬浮着锑和铜的硬晶粒。铅基轴承合金（铅锑轴承合金）以铅为软基体，体内悬浮着锡和锑的硬晶粒。这两种轴承合金中的硬晶粒的抗磨能力强，软基体塑性强，与轴的接触面大。轴承合金的抗胶合能力强，是较理想的轴承材料，但强度低。

（2）青铜。青铜的强度高,承载能力大,耐磨性与导热性优于轴承合金,可在较高的温度(250 ℃)下工作;但它的塑性差,不易磨合,与其相配的轴颈必须淬硬磨光。

（3）粉末冶金。用金属粉末烧结而成的轴承,称为粉末冶金轴承。它具有多孔性组织(孔隙度达 15%～30%),孔内能储存润滑油,工作时,轴承温度升高,由于油的体积膨胀系数比金属大,油由孔中被挤到金属表面进行润滑;停车后,则因毛细管作用,油被吸回孔中。所以,这种轴承又称为含油轴承。粉末冶金轴承的加油周期长,没有油污外溢现象,故适用于加油不便和不允许有油污污染的场合,如食品机械、纺织机械和电扇等。常用的粉末有铁-石墨和青铜-石墨两种。

（4）非金属材料。非金属轴瓦材料有石墨、橡胶、塑料、硬木等,其中塑料的应用最广。塑料的摩擦系数低、塑性好、耐磨、抗腐蚀能力强,可用水及化学溶液润滑;但导热性差,热膨胀系数大,易变形。

2. 轴瓦结构

图 2-59　轴瓦结构

轴瓦的主要尺寸是宽度 B 和直径 d。宽度与直径之比 B/d,称为宽径比。对于高速的液体润滑轴承,要求轴端泄油快,可从油中带走热量,故取 $B/d=0.5～1$;对于低速非液体润滑轴承,要求轴端泄油慢,以保持轴承表血油膜,故取 $B/d=0.8～1.5$,或更大。

（1）轴瓦和轴承衬。轴瓦结构见图 2-59,两端凸缘用以限制轴瓦沿轴向窜动,定位销(图 2-60)的作用是限止轴瓦转动。

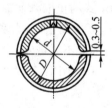

图 2-60　定位销

前文已述,轴承合金的强度低。若将轴承合金制成轴承衬,用强度高的材料(软钢、铸铁、青铜)制成轴瓦基座,两者组合成轴瓦,则具有抗磨能力强、塑性好、强度高的综合优良性能。若将轴承合金浇铸在强度高的轴瓦基座上,浇铸的轴承衬可通过螺旋形或燕尾形榫槽固定在轴瓦基座上[图 2-61(a)]。这种轴承衬比较厚,所组成的轴瓦称为厚壁轴瓦。若将轴承合金板制成轴承衬[图 2-61(b)]嵌在轴瓦基座上,利用凸耳 1 固定。这种轴承衬则比较薄,所组成的轴瓦称为薄壁轴瓦。薄壁轴瓦的形状受轴瓦基座形状的影响,所以轴瓦基座加工要求精密。

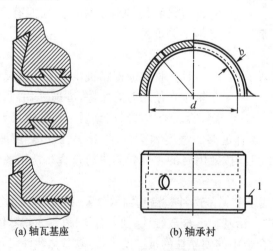

(a) 轴瓦基座	(b) 轴承衬

图 2-61　轴瓦基座与轴承衬

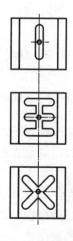

图 2-62　油沟形态

（2）油孔和油沟。轴瓦分承载区和非承载区，一般载荷向下，故上瓦为非承载区，下瓦为承载区。润滑油应由非承载区进入，故上瓦顶部开有进油孔。在轴瓦内表面，以进油口为对称位置，沿轴向、周向或斜向开有油沟(图2-62)，油经油沟分布到各个轴颈。油沟离轴瓦两端面应有段冲离，不能开通，以减少端部泄油。油沟不宜开在承载区，否则会降低油膜的承载力，甚至丧失油压。

（四）滚动轴承的类型、代号和类型选择

1. 滚动轴承的类型

滚动轴承由外圈1、内圈2、滚动体3和保持架4组成，如图2-63所示。通常内圈固定在轴上随轴转动，外围装在轴承座孔内不动；但亦有外圈转动、内圈不动的使用情况。滚动体在内、外圈的滚道中滚动。保持架将滚动体均匀隔开，使其沿圆周均匀分布，减小滚动体之间的摩擦和磨损。滚动轴承的构造中，有的无外围或内圈，有的无保持架，但不能没有滚动体。

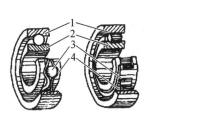

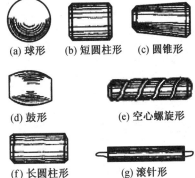

(a) 球形　(b) 短圆柱形　(c) 圆锥形

(d) 鼓形　　(e) 空心螺旋形

(f) 长圆柱形　(g) 滚针形

图 2-63 滚动轴承的构造　　　图 2-64 滚动体形状

滚动体的形状有球形、圆柱形、圆锥形、鼓形、滚针形等多种(图2-64)。滚动轴承的外圈、内圈、滚动体均采用强度高、耐磨性好的铬锰高碳钢制造。保持架多用低碳钢或铜合金制造，也可采用塑料及其他材料。

2. 滚动轴承的代号

滚动轴承的类型和尺寸很多，为了便于设计、生产和选用，我国在 GB/T 272—1993 中规定，一般用途的滚动轴承代号由基本代号、前置代号和后置代号构成，其排列顺序为前置代号、基本代号、后置代号。

（1）基本代号。基本代号表示轴承的基本类型、结构和尺寸，是轴承代号的基础。除滚针轴承外，基本代号由轴承类型代号、尺寸系列代号及内径代号构成。

① 类型代号：滚动轴承的类型代号用数字或大写拉丁字母表示，见表2-8。

表 2-8 滚动轴承类型代号

代号	轴承类型	代号	轴承类型
0	双列角接触轴承	N	圆柱滚子轴承
1	调心球轴承	N	双列或多列用字母 NN 表示
2	调心滚子轴承和推力调心轴承	U	外球面球轴承

代号	轴承类型	代号	轴承类型
3	圆锥滚子轴承	QJ	四点接触球轴承
4	双列深沟球轴承	—	—
5	推力球轴承	—	—
6	深沟球轴承	—	—
7	角接触球轴承	—	—
8	推力圆柱滚子轴承	—	—

注:在表中代号后或前加字母或数字,表示该类轴承的不同结构。

② 尺寸系列代号:轴承的尺寸系列代号由轴承宽(高)度系列代号和直径系列代号组合而成。组合排列时,宽度系列在前,直径系列在后,见表2-9。

表2-9 尺寸系列代号

直径系列代号	向心轴承								推力轴承			
	宽度系列代号								高度系列代号			
	8	0	1	2	3	4	5	6	7	9	1	2
	尺寸系列代号											
7	—	—	17	—	37	—	—	—	—	—	—	—
8	—	08	18	28	38	48	58	68	—	—	—	—
9	—	09	19	29	39	49	59	69	—	—	—	—
0	—	00	10	20	30	40	50	60	70	90	10	—
1	—	01	11	21	31	41	51	61	71	91	11	—
2	82	02	12	22	32	42	52	62	72	92	12	22
3	83	03	13	23	33	—	—	—	73	93	13	23
4	—	04	24	—	—	—	—	—	74	94	14	24
5	—	—	—	—	—	—	—	—	—	95	15	—

③ 内径代号:内径代号表示轴承公称内径尺寸,其表示方法见表2-10。

表2-10 滚动轴承内径代号

轴承公称内径(mm)	内径代号	示例
10 到 17	10 → 00	深沟球轴承 62<u>00</u>
	12 → 01	$d=10$ mm
	15 → 02	
	17 → 03	
20 到 480(22,28,32 除外)	公称内径除以5的商数,商数为个位数,需要在商数左边加"0",如08	调心滚子轴承 232<u>08</u> $d=40$ mm
大于或等于 500 及 22,28,32	用公称内径毫米数直接表示,但在与尺寸系列之间用"/"分开	调心滚子轴承 230/<u>500</u> $d=500$ mm 深沟球轴承 62/<u>22</u> $d=22$ mm

滚动轴承的基本代号一般由五个数字组成(图 2-65)。

(2) 前置、后置代号

前置、后置代号是轴承在结构形状、尺寸、公差、技术要求等有改变时,在其基本代号左右添加的补充代号,其排列见表 2-11。

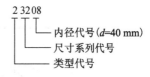

图 2-65 滚动轴承基本代号

表 2-11 前置、后置代号的排列

前置代号	轴承代号								
	基本代号	后置代号(组)							
		1	2	3	4	5	6	7	8
成套轴承分部件		内部结构	密封与防尘套圈变型	保持架及其材料	轴承材料	公差等级	游隙	配置	其他

3. 滚动轴承的规定画法

滚动轴承剖视图轮廓应按外径 D、内径 d、宽度 B 等实际尺寸绘制,轮廓内可用简化画法或示意画法绘制,如图 2-66 所示。

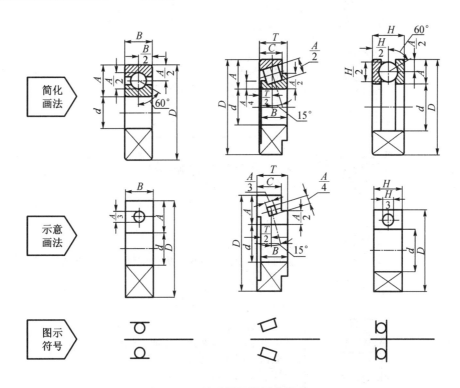

图 2-66 滚动轴承的规定画法

(1) 在装配图中需要较详细地表达滚动轴承的主要结构时,可采用简化画法。

(2) 在装配图中需要简单地表达滚动轴承的主要结构时,可采用示意画法。

(3) 只需要用符号表示滚动轴承的场合,可采用图示符号。

滚动轴承的常用类型及特点见表 2-12。

表 2-12 常用滚动轴承类型及特点

类型及代号	结构简图	特点	极限转速	允许偏移角
深沟球轴承(6)		◇ 最典型的滚动轴承,用途广 ◇ 可以承受径向及两个方向的轴向载荷 ◇ 摩擦阻力小,适用于高速和有低噪声低振动的场合	高	2°~10°
角接触球轴承(7)		◇ 可以承受径向及单方向的轴向载荷 ◇ 一般将两个轴承面对面安装,用于承受两个方向的轴向载荷	较高	2°~10°
圆锥滚子轴承(3)		◇ 内外圈可分离 ◇ 可以承受径向及单方向的轴向载荷,承载能力大 ◇ 成对安装,可以承受两个方向的轴向载荷	中等	2°
圆柱滚子轴承(N)		◇ 承载能力大 ◇ 可以承受径向载荷,刚性好 ◇ 内外圈可分离	高	2°~4°
推力球轴承(5)		◇ 可以承受单方向的轴向载荷 ◇ 高速时离心力大	低	不允许
调心球轴承(1)		◇ 具有调心能力 ◇ 可以承受径向及两个方向的轴向载荷	中等	2°~3°
调心滚子轴承(2)		◇ 具有调心能力 ◇ 可以承受径向及两个方向的轴向载荷,径向承载能力强	低	1°~2.5°

七、联轴器和离合器

联轴器与离合器的功用是将轴与轴(或轴与旋转零件)联成一体,使其共同运转,并将一轴的矩传递给另一轴。联轴器在运转时,两轴不能分离,必须停车后,经过拆卸才能分离。离合器在运转或停车后,不用拆卸,两轴便能分离。联轴器与离合器都是由若干零件组成的通用部件。

图 2-67(a)示意联轴器将轴 I 与轴 II 联成一体,在两轴上各装上一个带凸缘的半联轴器 1 和 2。半联轴器与轴用键联接,再将两个半联轴器通过中间联接件 3(如螺栓)联接成一个整体的联轴器。轴 I 的运动和转矩便传递给轴 II。如果联轴器的中间联接件是刚性的,称这类联轴器为刚性联轴器;如果中间联接件是弹性的,称这类联轴器为弹性联轴器。刚性联轴器又按有无补偿两轴轴线间相对偏移能力分为两类:没有补偿能力的联轴器称为固定式联轴器,有补偿能力的联轴器称为可移式联轴器。联轴器的主要性能参数为:标志传递能力的公称转矩 T_n,许用转速 $[n]$,被联接两轴的直径范围,和标志补偿能力的偏移补偿量。

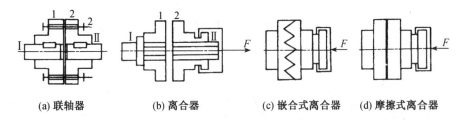

(a) 联轴器　　(b) 离合器　　(c) 嵌合式离合器　　(d) 摩擦式离合器

图 2-67　联轴器结构示意图

图 2-67(b)示意离合器的轴 I 与轴 II 在运转时能联接和分离,在两轴上各装上一个带凸缘的半离合器 1 和 2,半离合器与轴以花键联接,其中半离合器 2 在轴上可以移动。如果将半离合器端面制成齿和齿槽,利用齿槽和齿嵌合方式接合[图 2-67(c)]。采用这种接合方式的离合器称为嵌合式离合器。如果将两个半离合器端面直接压紧,利用端面间摩擦接合[图 2-67(d)]。采用这种接合方式的离合器称为摩擦式离合器。离合器接合与分离需要专门操纵的,称为操纵离合器;接合与分离自动进行的,称为自动离合器。

(一) 联轴器

1. 固定式刚性联轴器

固定式刚性联轴器中,应用最广的是凸缘联轴器,如图 2-68 所示。它利用螺栓联接两个半联轴器来联接两轴。两个半联轴器端面有一对中止口,以保证两轴对中。固定式刚性联轴器的全部零件都是刚性的,所以在传递载荷时,不能缓和冲击和吸收震动,优点是结构简单、价格低廉。

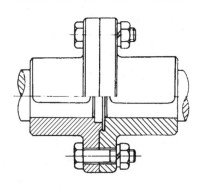

图 2-68　凸缘联轴器

2. 可移式刚性联轴器

由于制造、安装误差和工作时零件变形等原因,不易保证两轴对中时,可采用具有补偿两轴相对偏移能力的可移式刚性联轴器。这类联轴器能补偿相对轴向偏移 Δx、径向偏移 Δy、角偏移 Δa(图 2-69)和这些偏移组合的综合偏移。可移式刚性联轴器有齿式联轴器、滑块联轴器和万向联轴器等。

(1)齿式联轴器(图 2-70)。利用内、外齿啮合来实现两轴相对偏移的补偿,内、外齿径向有间隙,可补偿两轴径向偏移;外齿顶部制成球面,球心在轴线上,可补偿

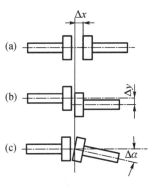

图 2-69　可移式刚性联轴器

两轴之间的角偏移。两内齿凸缘利用螺栓联接。齿式联轴器能传递很大的转矩,又有较大的补偿偏移的能力,常用于重型机械,但结构笨重、造价较高。

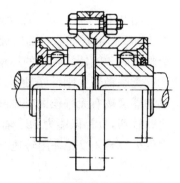

（2）滑块联轴器（图2-71）。利用中间滑块2与两个半联轴器1和3的端面的径向槽配合来实现两轴联接。滑块沿径向滑动,补偿径向偏移 Δy、角偏移 Δa [图2-71(b)],结构简单、制造方便。但由于滑块偏心,工作时会产生较大的离心力,只适用于低速。

（3）万向联轴器。常见的有十字轴式万向联轴器,如图2-72所示。它利用中间联接件十字轴3联接两边的半联轴器,

图2-70 齿式联轴器

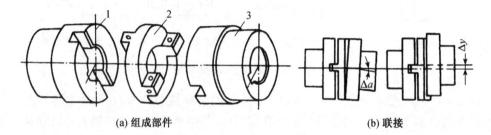

(a) 组成部件　　　　　　　　　　(b) 联接

图2-71 滑块联轴器

两轴线间夹角 α 可达 $40°\sim45°$。单个十字轴式万向联轴器的主动轴1做等角速转动时,从动轴2做变角速转动。为避免这种现象,可采用两个万向联轴器,使两次角速度变动的影响相互抵消,从而使主动轴1与从动轴2同步转动（图2-73）。各轴相互位置必须满足:①主动轴1、从动轴2与中间轴 C 之间的夹角相等,即 $\alpha_1 = \alpha_2$;②中间轴两端叉面必须位于同一平面内,如图2-73(a)和(b)。图2-73(c)为双十字轴式万向联轴器的结构图。

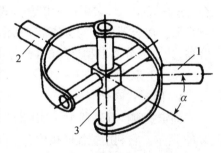

图2-72 十字轴式万向联轴器

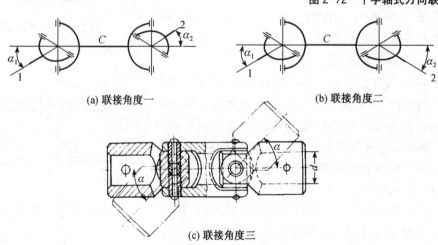

(a) 联接角度一　　　　　　　　　(b) 联接角度二

(c) 联接角度三

图2-73 万向联轴器

3. 弹性联轴器

弹性联轴器利用弹性联接件的弹性变形来补偿两轴相对位移,缓和冲击和吸收振动。

(1) 弹性联轴器的类型。弹性联轴器有弹性套柱销联轴器、弹性柱销联轴器和轮胎式联轴器等。

① 弹性套柱销联轴器(图 2-74):利用一端具有弹性套的柱销作为中间联接件。为补偿轴向偏移,两轴间留有轴向间隙 c。为了更换易损元件弹性套,留出一定的空间距离 A。弹性套柱销联轴器的标准号为 GB/T 4323—2002。

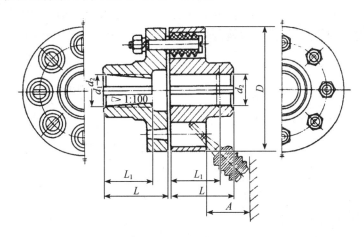

图 2-74　弹性套柱销联轴器结构

② 弹性柱销联轴器(图 2-75):直接利用具有弹性的非金属(如尼龙)柱销 2 作为中间联接件,将半联轴器 1 联接在一起。为了防止柱销由凸缘孔中滑出,在两端配置有档板 3。这种联轴器的柱销结构简单,更换方便,安装时,要留有轴向间隙 S。

弹性套柱销联轴器和弹性柱销联轴器的径向偏移和角偏移的许用范围不大,故安装时,需注意两轴对中,否则会使柱销或弹性套迅速磨损。

③ 轮胎式联轴器(图 2-76):利用轮胎式橡胶制品 2 作为中间联接件,将半联轴器 1 与3 联接在一起。这种联轴器结构简单、可靠,能补偿较大的综合偏移,可用于潮湿多尘的场合。它的径向尺寸大,而轴向尺寸比较紧凑。胎式联轴器标准号为 GB/T 5844—2002。

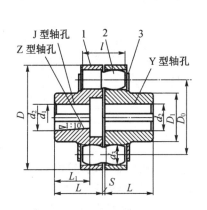

图 2-75　弹性柱销联轴器结构

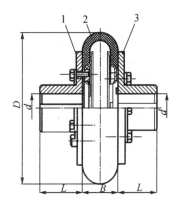

图 2-76　轮胎式联轴器结构

以上三种弹性联轴器适用于启动频繁、正/反向运转、转速较高(可达 4 000 r/min)的场合。

④ 安全联轴器:为了防止机器过载而损伤机器零部件和造成事故,常在传动的某个环节设置安全联轴器,起到保护机器的作用。常用的安全联轴器有销钉式安全联轴器和牙嵌式安全联轴器。图 2-77 所示为销钉式安全联轴器,它的传力件是细小的销钉,销钉装在两段钢套中,正常工作时,销钉强度足够;过载时,销钉首先被切断,以保证轴的安全。销钉式安全联轴器用于偶发性过载。图 2-78 所示为牙嵌式安全联轴器,它的两个半联轴器的端面上有牙,依靠弹簧使牙齿与齿槽相互嵌入并压紧,以传递转矩;过载时,由于它具有牙型角 α 大于摩擦角 β 的结构特点,故推开弹簧,两个半联轴器的牙齿脱开,以保证轴的安全。牙嵌式安全联轴器用于经常性过载。

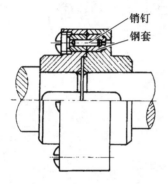

图 2-77　销钉式安全联轴器结构

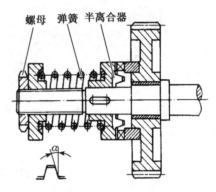

图 2-78　牙嵌式安全联轴器结构

(2) 联轴器的选择。常用联轴器大多已标准化,一般先依据机器的工作条件来选择合适的类型;再依据计算转矩、轴的直径和转速,从标准中选择所需型号及尺寸;必要时对某些薄弱、重要的零件进行验算。

① 联轴器类型的选择:选择类型的原则是使用要求应与所选联轴器的特性一致。例如:两轴能精确对中,轴的刚性较好,可选刚性固定式的凸缘联轴器,否则选具有补偿能力的刚性可移式联轴器;两轴轴线要求有一定夹角的,可选十字轴式万向联轴器;转速较高、要求消除冲击和吸收振动的,选弹性联轴器。由于类型选择涉及因素较多,一般要参考以往使用联轴器的经验,进行选择。

② 联轴器型号、尺寸的选择:选择类型后,根据计算转矩、轴径、转速,从手册或标准中选择联轴器的型号、尺寸。选择时要满足:转矩 T_c 不超过联轴器的公称转矩 T_n;转速不超过联轴器的许可转速;轴径与联轴器孔径一致;联轴器的孔和键槽在 GB/T 3852—2008 中有详细规定。

(二)离合器

1. 牙嵌式离合器

牙嵌式离合器如图 2-79 所示,是利用两个半离合器 1 和 2 的端面的牙齿和齿槽相互嵌入和分开来达到离合的目的。操纵滑环 4,使从动轴上的半离合器 2 沿导向平键 3 左右移动,便可与主动轴上的半离合器 1 结合与分离。为保证两轴对中,半离合器 1 的孔内装有对中环 5,从动轴在对中环内可自由转动。牙嵌式离合器的齿型有三角形、梯形和锯齿形

（图 2-80）。三角形传递中小转矩,梯形和锯齿形可传递较大转矩。梯形齿有补偿磨损作用,
锯齿形齿只能单向传动。

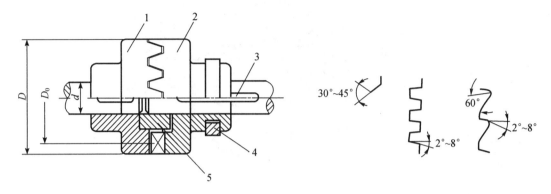

图 2-79　牙嵌式离合器　　　　　　　　　　图 2-80　牙嵌式离合器齿型

　　牙嵌式离合器结构简单、紧凑,接合时两个半离合器间没有相对滑动,不会发热,适用于
要求主、从动轴严格同步的高精度机床,但只能在低速或停车时接合,以免冲击打断牙齿。

2. 摩擦式离合器

　　摩擦式离合器是利用接触面间产生的摩擦力来传递转矩的。摩擦式离合器分为单片式
和多片式等。

　　(1) 单片式摩擦式离合器。单片式摩擦式离合器如图 2-81 所示,利用两个圆盘面 1 和 2 压
紧或松开,使摩擦力产生或消失,以实现两轴的联接和分离。操纵滑
块 3,使从动盘 2 左移,以压力 F 将其压在主动盘 1 上,从而使两个
圆盘结合;反之则使其分离。单片式摩擦式离合器结构简单,且
径向尺寸大,只能传递较小的转矩,一般应用在轻型机械上。

　　(2) 多片式摩擦式离合器。多片式摩擦式离合器如图 2-82
所示。主动盘 1、外壳 2 与一组外摩擦片 5 组成主动部分,外摩擦
片[图 2-82(b)]可沿外壳 2 的槽移动。从动轴 3、套筒 4 与一组内
摩擦片 6 组成从动部分,内摩擦片[图 2-82(c)]可沿套筒 4 上的
槽滑动。滑环 7 向左移动,使杠杆 8 绕支点顺时针转,通过压板 9
将两组摩擦片压紧[图 2-82(a)],主动轴带动从动轴转动。滑环

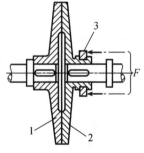

图 2-81　单片式摩擦离合器

7 向右移动,杠杆 8 下面的弹簧的弹力将杠杆 8 绕支点反转,两组摩擦片松开,主动轴与从
动轴脱开。双螺母 10 是调节摩擦片的间距用的,借以调整摩擦面间的压力。多片式摩擦离
合器由于摩擦面增多,传递转矩的能力显著增大,径向尺寸减小,但是结构比较复杂。

　　与牙嵌式离合器相比,摩擦式离合器的优点为:在任何转速下都可接合;过载时摩擦面
打滑,能保护其他零件,不致损坏;接合平稳,冲击和振动小。它的缺点为:在接合过程中,相
对滑动引起发热和磨损,损耗能量。

3. 电磁摩擦式离合器

　　利用电磁力操纵的摩擦离合器,称为电磁摩擦离合器;其中最常用的是多片式电磁摩擦
离合器,如图 2-83 所示。摩擦片部分的工作原理与摩擦离合器相同。电磁操纵部分及工作
原理如下:

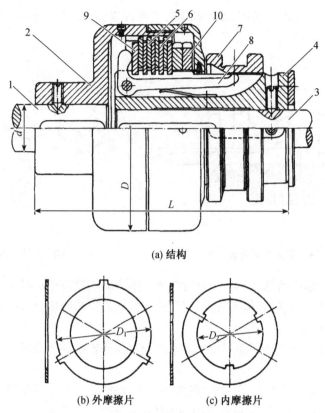

(a) 结构

(b) 外摩擦片　　　(c) 内摩擦片

图 2-82　多片式摩擦离合器

当直流电接通后,电流经接触环 1 导入励磁线圈 2,线圈产生的电磁力吸引衔铁 5,压紧两组摩擦片 3、4,使离合器处于接合状态。切断电流后,依靠复位弹簧 6 将衔铁 5推开,两组摩擦片随之松开,使离合器处于分离状态。电磁摩擦离合器可以在电路上实现改善离合器功能的要求,例如:利用快速励磁电路可实现快速接合;利用缓冲励磁电路可实现缓慢接合,避免启动冲击。

4. 定向离合器

定向离合器是利用机器本身的转速、转向的变化,来控制两轴离合的离合器,如图 2-84 所示。星轮 1 和外环 2 分别装在主动件或从动件上。星轮与外环间有楔形空腔,内装滚柱 3。每个滚柱都被弹簧推杆 4 以适当的推力推入楔形空腔的小端,并处于临界状态(稍加外力便可楔紧或松开的状态)。星轮和外环都可作为主动件。按图 2-84 所示结构,外环为主动件,逆时针回转时,摩擦力带动滚柱进入楔形空间的小端,便楔紧内、外接触面,驱动星轮转动;当外环顺时针回转时,摩擦力带动滚柱进入楔形空间的大端,便松开内、外接触面,外环空转。由于传动具有确定转向,称为定向离合器。

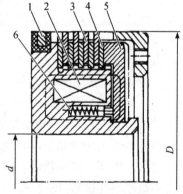

图 2-83　多片式电磁摩擦离合器

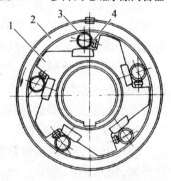

图 2-84　定向离合器

星轮和外环都做顺时针回转时,根据相对运动关系,如外环转速小于星轮转速,则滚柱楔紧内、外接触面,外环与星轮接合;反之,滚柱与内、外接触面松开,外环与星轮分离。可见只有星轮转速超过外环,才能起到传递转矩并一起回转的作用,所以又称为超越离合器。定向离合器是自动离合器的一种。

八、弹簧

弹簧的用途很广,可以用来减振、夹紧、测力、储能等。其特点是外力去除后能立即恢复原状。弹簧的种类很多,有螺旋弹簧、碟形弹簧、平面涡卷弹、板弹簧及片弹簧等。常见的螺旋弹簧又有压缩弹簧、拉伸弹簧、扭力弹簧等,如图 2-85 所示。螺旋弹簧分为左旋和右旋两类。

图 2-85　各种弹簧

(一)圆柱螺旋压缩弹簧各部分名称及尺寸关系(图 2-86)

(1)弹簧外径 D,即弹簧的最大直径。

(2)弹簧钢丝直径 d。

(3)弹簧内径 D_1,即弹簧最小直径。

(4)弹簧中径 D_2,即弹簧内外径的平均值,$D_2 = \dfrac{D+D_1}{2} = D_1 + d = D - d$。

(5)节距 t,指相邻两圈间的轴向距离。

(6)支承圈数 n_0,指两端不起弹力作用、只起支承作用的圈数。一般为 1.5 圈、2 圈、2.5 圈三种,常用 2.5 圈。

(7)有效圈数 n,指除支承圈数外,保持节距相等的圈数。

(8)总圈数 n_1,指支承圈数与有效圈数之和,即 $n_1 = n_0 + n$。

(9)自由高度 H_0,指弹簧在没有负荷时的高度,即 $H_0 = n_t + (n_0 - 0.5)d$。

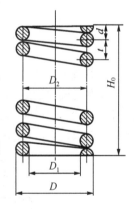

图 2-86　圆柱螺旋压缩弹簧

(10)簧丝长度 L,指弹簧钢丝展直后的长度,$L = n_1 + \sqrt{(\pi d_2)^2 + t^2}$。

(二)圆柱螺旋压缩弹簧的规定画法

1. 圆柱螺旋压缩弹簧的表达方法(图 2-87)。

(1)在平行于螺旋弹簧轴线的投影面的视图中,其各圈的轮廓应画成直线。

(2)螺旋弹簧均可画成右旋,但左旋螺旋弹簧,不论画成左旋或右旋,一律要标注旋向"左"字。

(3)螺旋压缩弹簧,如要求两端并紧磨平时,不论支承圈的圈数多少和末端贴紧情况如何,均按图示的形式绘制。必要时也可按支承圈的实际结构绘制。

(4)有效圈数在 4 圈以上的螺旋弹簧中间部分可以省略,省略后允许适当缩短图形长度,如图 2-87 所示。

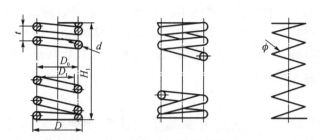

图 2-87　螺旋压缩弹簧的表达方法

2. 单个圆柱螺旋压缩弹簧的画法

单个圆柱螺旋压缩弹簧的绘图步骤如图 2-88 所示。

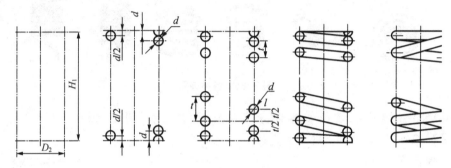

图 2-88　单个圆柱螺旋压缩弹簧的画法

3. 装配图中弹簧的画法

被弹簧挡住的结构一般不画出,可见部分应从弹簧的外廓线或从弹簧钢丝剖面的中心线画起,如图 2-89 所示。当弹簧被剖切时,剖面直径或厚度在图形上等于或小于 2 mm 时,可涂黑表示,也允许用示意画法,如图 2-89 所示。

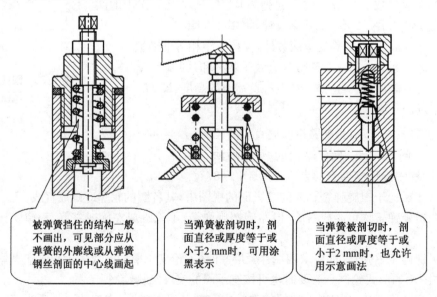

被弹簧挡住的结构一般不画出,可见部分应从弹簧的外廓线或从弹簧钢丝剖面的中心线画起

当弹簧被剖切时,剖面直径或厚度等于或小于2 mm时,可用涂黑表示

当弹簧被剖切时,剖面直径或厚度等于或小于2 mm时,也允许用示意画法

图 2-89　装配图中弹簧的画法

第二节　常 用 机 构

一、平面机构概述

（一）构件与零件

1. 构件

所谓构件是指作为一个整体参与机构运动的刚性单元。一个构件可以是不能拆开的单一零件，如内燃机中的曲轴；也可以是由若干个不同零件装配组合起来的一个刚性体，如图 2-90 中的连杆，它是由连杆体 1、连杆盖 4、螺栓 2 和螺母 3 等零件装配组成的一个刚性整体。构件是机构中参与运动的基本单元。

2. 零件

连杆可拆成连杆体、连杆盖、螺栓、螺母，这是为了便于制造和安装，它们都称为零件。零件是机械加工制造的基本单元。零件有通用零件与专用零件之分：在各种机械设备中都能用到的零件，称为通用零件，如齿轮、轴和轴承、螺栓、键等；只是在某些机械设备中用到的零件，称为专用零件，如内燃机的活塞、起重机的吊钩等。

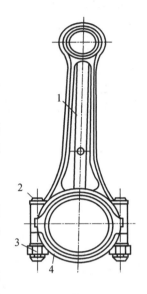

图 2-90　连杆

（二）运动副

1. 运动副的概念

当若干个构件组成机构时，每个构件都以一定的方式与其他构件相互联接。这种联接的特点是允许两构件间存在一定的相对运动，使两构件直接接触，既保持联系又能做相对运动的联接，称为运动副。类似于人体骨骼之间依靠关节联接，运动副就是组成机构的各构件之间联接的"关节"。

图 2-91 中，(a)所示的轴 1 与轴承 2 的联接，(b)所示的滑块 2 与导轨 1 的联接，(c)所示的两齿轮的啮合，均为运动副。两构件上直接参与接触而构成运动副的点、线、面，称为运动副元素。

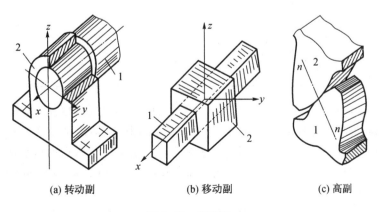

(a) 转动副　　　　　(b) 移动副　　　　　(c) 高副

图 2-91　运动副

　　很显然,两构件间的运动副所起的作用是限制构件间的相对运动,这种限制作用称为约束。如图 2-91(a)所示的构件 2 限制了构件 1 沿三个坐标轴移动,以及绕轴 y 和 z 转动,构件 1 只能绕轴 x 转动。这说明两构件以某种方式相联接而构成运动副,其相对运动便受到约束,其自由度相应减少,自由度减少的数量等于该运动副所引入的约束数量。当物体在三维空间自由运动时,其自由度有 6 个,即:可沿坐标轴 x、y、z 移动的 3 个自由度和可绕坐标轴 x、y、z 转动的 3 个自由度。由于两构件形成运动副后,仍需具有一定的相对运动,故一个运动副的自由度至少为 1 个,最多为 5 个。一个运动副的约束数与自由度之和等于 6。

　　2. 运动副的分类

　　运动副的分类方法有三种,常用运动副及类型见表 2-13。

表 2-13　常用运动副及类型

名称	图形	简图符号	副级	自由度
球面高副			Ⅰ	5
柱面高副	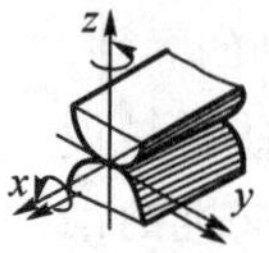		Ⅱ	4
球面低副			Ⅲ	3
平面高副	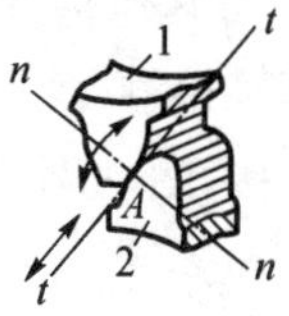		Ⅳ	2
转动副			Ⅴ	1
移动副		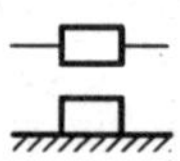	Ⅴ	1

　　(1) 根据运动副所引入的约束数进行分类。引入一个约束的运动副称为Ⅰ级副,引入两个约束的运动副称为Ⅱ级副,依次类推,引入五个约束的运动副称为Ⅴ级副。

　　(2) 根据构成运动副的两个构件的接触情况进行分类。通常把面接触的运动副称为低副,把点或线接触的运动副称为高副。在平面机构中,一个低副将引入两个约束,一个高副将引入一个约束。

　　(3) 根据组成运动副的两个构件之间相对运动的空间形式进行分类。

① 平面运动副:两构件之间相对运动的平面平行。平面运动副的应用最多,它只有转动副、移动副(统称为低副)和平面高副三种形式。图 2-91 中,(a)为转动副,(b)为移动副,(c)为平面高副。

② 空间运动副:两构件之间相对运动的平面不平行。

3. 运动链

若干个构件通过运动副联接而组成的构件系统,称为运动链。如果运动链中的各个构件组成首末封闭的系统,则称为闭式运动链,如图 2-92(a)所示;不能组成封闭系统的,称为开式运动链,如图 2-92(b)所示。闭式运动链中的每个构件至少包含两个运动副元素,而开式运动链中的至少有一个构件只有一个运动副元素。

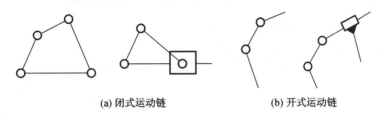

(a) 闭式运动链　　　　　(b) 开式运动链

图 2-92　运动链

4. 机构

若将运动链中的一个构件固定为参考系(即机架),并使各构件间具有确定的相对运动,则这种运动链就称为机构。图 2-93 所示为平面铰链四连杆机构。机构中的构件分为以下三类:

(1)机架。指机构中作为参考系的构件,一般固定不动。它支承着其他活动构件。

(2)原动件。指机构中按外部给定运动规律独立运动的构件,也称为主动件。

(3)从动件。指机构中随着原动件运动而运动的构件。

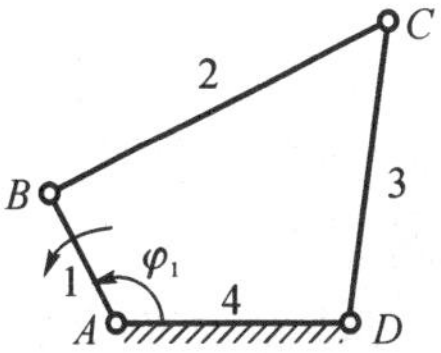

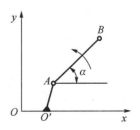

图 2-93　平面铰链四连杆机构

(三)机构组成原理

1. 平面机构自由度

机构自由度是指机构中各构件相对于机架所具有的独立运动参数。由于平面机构的应用广泛,以下仅讨论平面机构自由度的计算问题。

(1)构件、运动副、约束与自由度的关系。一个做平面运动的自由构件,具有三个自由度。如图 2-94 所示,一个构件 AB 在 xOy 平面内可以绕任意一点(如 A 点)转动,以及沿 x 轴和 y 轴移动,具有三个独立运动,即具有三个自由度。

图 2-94　构件自由度

当两个构件组成运动副之后,它们之间的相对运动便受到约束,相应的自由度数目随之减少。如果组成的运动副为高副,则构件受到一个约束,失去一个自由度,剩下两个自由度;如果组成的运动副为低副,则构件受到两个约束,失去两个自由度,剩下一个自由度。

(2) 平面机构自由度的计算公式。由以上分析可知,如果一个平面机构共有 n 个活动构件(机架因固定不动而不计算在内),当各构件尚未通过运动副联接之前,共有 $3n$ 个自由度。当用 P_L 个低副、P_H 个高副联接成机构以后,则受到 $(2P_L+P_H)$ 个约束,机构的自由度 F 则为:

$$F = 3n - (2P_L + P_H) = 3n - 2P_L - P_H$$

要使机构能够运动,其自由度必须大于零 $(F>0)$。

2. 机构具有确定运动的条件

[**例 2-1**] 试计算图 2-95 中(a)、(b)所示两种机构的自由度。

解 (1) 图 2-95(a)所示的三构件机构中,其活动构件数 $n=2$,低副数 $P_L=3$,高副数 $P_H=0$,则自由度

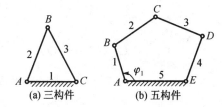

$$F = 3n - 2P_L - P_H = 3 \times 2 - 2 \times 3 - 0 = 0$$

说明此机构不能运动。

(2) 如图 2-95(b)所示的五构件机构中,其活动构件数 $n=4$,低副数 $P_L=5$,高副数 $P_H=0$,则自由度

图 2-95 三构件、五构件机构示意

$$F = 3n - 2P_L - P_H = 3 \times 4 - 2 \times 5 - 0 = 2$$

说明此机构的自由度为 2,应当有两个原动件,如构件 1 和 4 按给定的运动规律运动时,其他构件(构件 2、构件 3)将有确定的运动。如果仅给定一个原动件,则其他构件没有确定的运动。

从上述实例可知,要使机构具有确定运动的条件是:机构的自由度 $F>0$,原动件数等于机构的自由度。这也是机构组成的基本原理。

若机构的自由度 $F \leqslant 0$,则机构不能运动,称为静定 $(F=0)$ 或超静定状态 $(F<0)$。

若机构的自由度 $F>0$,原动件数小于 F,则构件间的运动是不确定的。

若机构的自由度 $F>0$,原动件数大于 F,则构件间不能运动,或产生破坏。

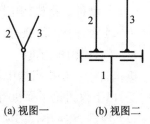

(a) 视图一   (b) 视图二

图 2-96 复合铰链

3. 计算自由度时的几种特殊情况

(1) 复合铰链。两个以上的构件在同一处构成的重合转动副,称为复合铰链。如图 2-96(a)所示,构件 1 和构件 2、3 组成两个转动副,联接状况如图 2-96(b)所示。在计算自由度时,必须把它当成两个转动副。因此,由 m 个构件汇集而成的复合铰链包含 $(m-1)$ 个转动副。

[**例 2-2**] 计算图 2-97 所示的直线机构的自由度。

解 在本机构中,A、B、C、D 四处都是由三个构件

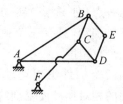

图 2-97 直线机构

组成的复合铰链,它们各具有两个运动副,所以 $n=7,P_L=10,P_H=0$,则

$$F = 3n - 2P_L - P_H = 3 \times 7 - 2 \times 10 - 0 = 1$$

（2）局部自由度。在机构中,某些构件具有局部的并不影响其他构件运动的自由度,称为机构的局部自由度。图 2-98(a)所示的平面凸轮机构的自由度为 $F=3n-2P_L-P_H=3\times3-2\times3-1=2$。因此,该平面凸轮机构应有两个原动件,机构运动才能确定。但实际上,这个机构只需一个原动件（凸轮）,运动就能确定。在凸轮与从动件之间安装滚子的目的,是将滑动摩擦变为滚动摩擦,以减少功率损耗,降低磨损。因此滚子绕其轴线自由转动的自由度是多余的,计算机构自由度时应略去不计。如图 2-98(b)所示,可将滚子 3 与从动件 2 固联在一起作为一个构件来考虑,即：$F=3n-2P_L-P_H=3\times2-2\times2-1=1$。结果与实际相符。

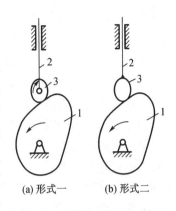

(a) 形式一　　(b) 形式二

图 2-98　局部约束的平面凸轮机

（3）虚约束。在机构中,有些运动副对机构运动所起的约束作用是重复的。这种不起独立限制作用的约束,称为虚约束。

图 2-99 所示的机车车轮联运机构中,无论构件 4 和转动副 E、F 是否存在,对机构的运动都不发生影响,可以说构件 4 和转动副 E、F 引入的约束,并不起限制运动的作用,称为虚约束。该机构中,$n=3,P_L=4,P_H=0$,则

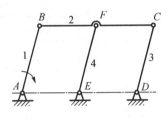

图 2-99　车轮联动机构构

$$F = 3n - 2P_L - P_H = 3 \times 3 - 2 \times 4 - 0 = 1$$

常见的虚约束有以下几种情况：

① 当两构件组成多个移动副,且其导路互相平行或重合时,则只有一个移动副起约束作用,其余都是虚约束。如图 2-100(a)所示,4 与 $4'$ 只能算一个移动副。

② 当两构件构成多个转动副,且轴线互相重合时,只有一个转动副起作用,其余都是虚约束。如图 2-100(b)所示,2、$2'$ 只能算一个转动副。

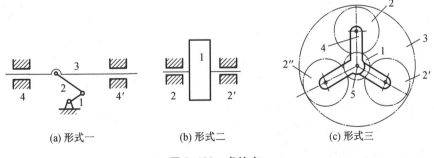

(a) 形式一　　　　　(b) 形式二　　　　　(c) 形式三

图 2-100　虚约束

③ 如果机构中两个活动构件上某两点的距离始终保持不变,此时若用具有转动副的附加构件来联接这两个点,则是虚约束。如图 2-99 所示,构件 4 和 E、F 两个转动副都是虚

约束,不能作为活动构件或转动副计算自由度。

④ 机构中对运动起重复限制作用的对称部分,只能算一个,其余都是虚约束。如图2-100(c)所示,周转轮系为了受力平衡,采取三个行星轮 2、2′、2″ 对称布置的结构,而事实上只要一个行星轮便能满足运动要求,其他两个行星轮则是虚约束。

在实际机械与设计中,常利用虚约束来改善构件的受力情况,或增大机构的刚性。作为初学人员,在计算机构自由度时,应能正确识别虚约束。

(四)平面机构的运动简图

无论对已有的机构进行分析,还是设计新的机构,都要从分析机构运动着手,撇开实际机构中与运动无关的因素(例如构件的形状、组成构件的零件数目和运动副的具体结构等),用简单线条和符号表示构件和运动副,并按一定比例确定各运动副的相对位置。表示机构各构件相对运动关系的简图,称为机构运动简图。只是为了表明机械的组成状况和结构特征,也可以不严格按比例绘制简图,这种简图称为机构示意图。

(五)平面机构运动简图的符号

国家标准规定了机构运动简图的符号,表2-14为常用机构、构件和运动副的表示方法。

表2-14 常用机构、构件和运动副的符号

名称	两运动构件形成的运动副			两构件之一为机架时所形成的运动副		
转动副						
移动副						
构件	二副构件		三副构件		多副构件	
凸轮及其他机构	凸轮机构		棘轮机构		带传动	
齿轮机构	外齿轮	内齿轮		圆锥齿轮		蜗杆蜗轮

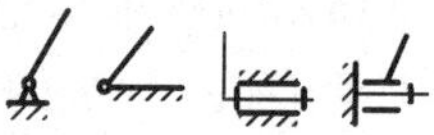

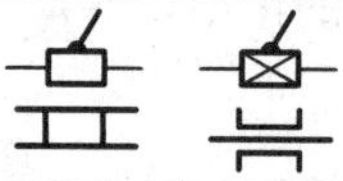

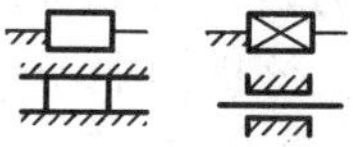

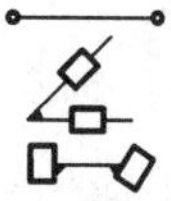

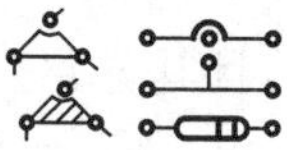

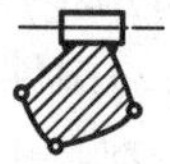

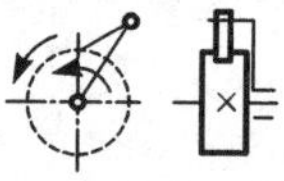

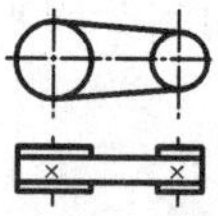

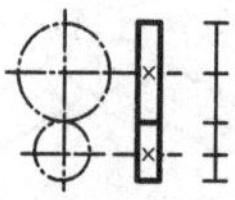

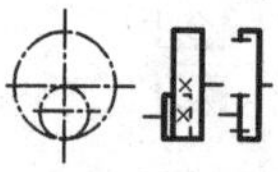

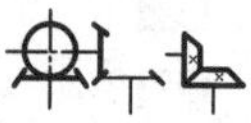

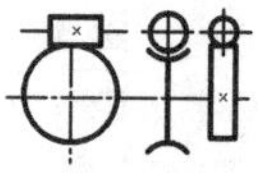

(六)平面机构运动简图的画法

绘制机构运动简图的步骤如下:

(1)根据机构组成、工作原理,确定机架、原动件、从动件,找出它们之间的传动关系。

(2)根据各构件之间的接触情况及相对运动的性质,确定各运动副的类型与数量。

(3)合理选择运动简图的视图平面。一般选择与多数构件的运动平面相平行的面作为视图

平面。必要时也可以就机械的不同部分选择两个或两个以上的投影面,然后展开到同一平面上。

（4）选择适当的比例尺,确定出各运动副的相对位置,用规定的符号表示各运动副,并将同一构件参与构成的运动副符号用简单线条联接起来,在原动件上用箭头标出其运动方向,即可绘制出机构的运动简图。

[例 2-3]　试绘制图 2-101(a)所示的偏心轮传动机构的机构运动简图。

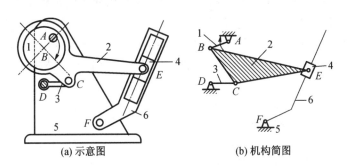

(a) 示意图　　　　　(b) 机构简图

图 2-101　偏心轮传动机构

解　偏心轮传动机构由 6 个构件组成。根据机构的工作原理,构件 5 是机架,原动件为偏心轮 1,它与机架 5 组成转动副,其回转中心为 A 点;构件 2 是一个三副构件,它与构件 1、构件 3、构件 4 分别组成转动副,它们的回转中心分别为 B、C 和 E 点;构件 3 与机架 5、构件 6 与机架 5 分别在 D、F 点组成转动副;构件 4 与构件 6 在 E 点组成移动副。在选定长度比例尺和投影面后,定出各转动副的回转中心点 A、B、C、D、E、F 的位置及移动副导路 E 的方向,并用运动副符号表示,用直线把各运动副联接起来,在机架上画上短斜线,即得出图 2-101(b)所示的机构运动简图。

二、平面四连杆机构基本类型及其演化

平面连杆机构按照杆件数的多少可分为四杆、五杆、六杆和多杆机构。四杆机构是组成六杆机构和多杆机构的基础,其应用非常广泛。四杆机构的基本类型是铰链四杆机构,其他形式的四杆机构都可看成是在它的基础上经演化而成的。所谓铰链四杆机构是指所有运动副都是转动副的四杆机构,如图 2-93 所示,与机架 4 邻边的构件 1 和 3 称为连架杆,其中能做 360°回转运动的连架杆 1 称为曲柄,只能在小于 360°范围内摆动的连架杆 3 称为摇杆,联接两连架杆的构件 2 称为连杆。

（一）平面四连杆机构的基本类型及其在纺织设备上的应用

平面铰链四连杆机构的基本类型有三种:曲柄摇杆机构、双曲柄机构和双摇杆机构。

1. 曲柄摇杆机构

铰链四连杆机构中的一个连架杆为曲柄,另一个连架杆为摇杆时,则称为曲柄摇杆机构。这种机构中,当曲

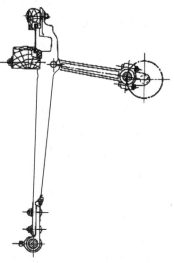

图 2-102　织机的四连杆打纬机构

柄为原动件,摇杆为从动件时,可将曲柄连续回转的圆周运动转变为摇杆的往复摆动。图2-102所示为织机的四连杆打纬机构,属于曲柄摇杆机构。

2. 双曲柄机构

铰链四连杆机构中的两个连架杆均为曲柄时,则称为曲柄摇杆机构。这种机构中,当一个曲柄为原动件,另一个曲柄为从动件时,可将一种曲柄连续回转的圆周运动转变为另一个曲柄连续回转的圆周运动。图2-103所示为棉纺FA251A型精梳机的钳板摆轴传动机构,它是六连杆机构,其中锡林轴 O_1 的轴端固装有主动曲柄 O_1A,O_2 为从动曲柄 O_2B 的回转中心,$O_1-A-B-O_2$ 构成双曲柄四连杆机构。当锡林轴带动曲柄 O_1A 等速回转时,通过连杆 AB 带动从动曲柄 O_2B 以 O_2 为圆心做变速运动,并通过拉杆 BC,摆杆 O_3C 使钳板摆轴 O_3 摆动。

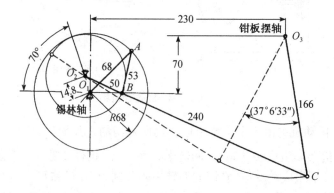

图 2-103 FA251A 型精梳机钳板摆轴传动机构简图

3. 双摇杆机构

铰链四连杆机构中的两个连架杆均为摇杆时,则称为双摇杆机构。这种机构中,当一个摇杆为原动件,另一个摇杆为从动件时,可将主动摇杆的往复摆动运动转变从动摇杆的往复摆动运动。图2-104所示的鹤式起重机的机构就是双摇杆机构。当摇杆 CD 摆动时,可使连杆 BC 延长线上的 M 点在近似水平直线上移动,这样重物起吊时,可以避免因不必要的升降而消耗能量。

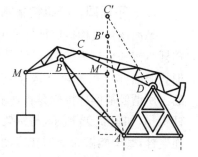

图 2-104 鹤式起重机双摇杆机

(二)平面四连杆机构的演化及在纺织设备上的应用

平面四连杆机构的外形和构造是多种多样的,但它们都具有相同的运动特性,或具有一定的内在联系,并且都可以看成是在铰链四连杆机构的基础上演化而来的。下面通过一些实例来说明平面四连杆机构的演化方法:

1. 曲柄滑块机构(转动副演化为移动副)

图2-105(a)所示为曲柄摇杆机构,杆1是曲柄,杆3是摇杆。因为摇杆3上 C 点的轨迹是以 D 点为圆心,以摇杆的长度为半径所作的圆弧,所以可在机架上制出弧形导槽,并将摇杆3制成弧形块与弧形导槽密切配合的结构,如图2-105(b)所示,显然运动性质不变。若 CD 增至无穷大,则 D 点在无穷远处,此时弧形导槽就演化为直槽,弧

形块 3 演化为直块,该直块称为滑块。于是转动副 D 演化为移动副,机构演化为如图 2-105(c)所示的曲柄滑块机构(C 点运动轨迹线与曲柄转动中心 A 之间存在偏心距离 e,则称为偏置曲柄滑块机构)。若偏心距 $e=0$,则称为对心曲柄滑块机构,如图 2-105(d)所示。

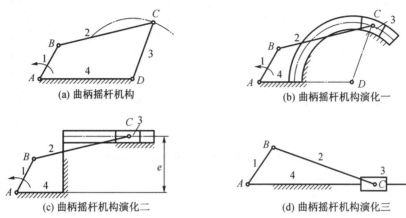

(a) 曲柄摇杆机构

(b) 曲柄摇杆机构演化一

(c) 曲柄摇杆机构演化二

(d) 曲柄摇杆机构演化三

图 2-105 曲柄滑块机构(转动副演化为移动副)

2. 偏心轮机构

在图 2-106(a)所示的曲柄滑块机构中,如果曲柄 AB 的长度很短,而曲柄 AB 的两端又有转动副,实际加工和装配较困难,此时可将曲柄改制成一个几何中心与其转动中心相距 AB 的圆盘,此圆盘称为偏心轮,AB 称为偏心距。显然,曲柄的这种变化就是将转动副 B 的半径加以扩大,且超过曲柄的长度 AB,如图 2-106(b)所示。由此演化而成的机构称为偏心轮机构。棉纺 A201B 精梳机分离皮辊后摆轴的传动机构也是偏心轮机构,如图 2-107 所示。

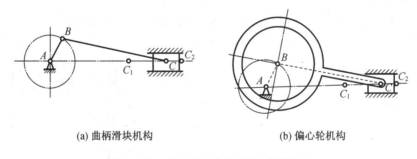

(a) 曲柄滑块机构

(b) 偏心轮机构

图 2-106 偏心轮机构(扩大转动副元素)

3. 摇块机构、定块机构和导杆机构(以不同杆件为机架)

摇块机构、定块机构和导杆机构可以看成是改变曲柄滑块机构中的机架而演化来的。

(1)摇块机构。在图 2-108(a)所示的曲柄滑块机构中,若取构件 2 为机架,则可得到摇块机构,如图 2-108(b)所示,构件 3 相对机架绕固定点 C 摇摆,称其为摇块。图 2-109 所

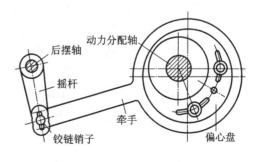

图 2-107 A201B 精梳机皮辊后摆轴的传动机

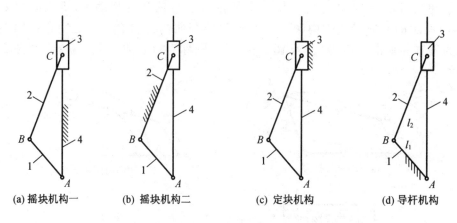

图 2-108 摇块机构、定块机构和导杆机构

(a) 摇块机构一　(b) 摇块机构二　(c) 定块机构　(d) 导杆机构

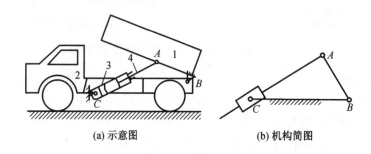

(a) 示意图　　　　　(b) 机构简图

图 2-109　摇块机构的应用实例(自卸车自动翻转机构)

示是自卸车的自动翻转机构,是摇块机构的应用实例。

（2）定块机构。在图 2-108(a)所示的曲柄滑块机构中,若取构件 3 为机架,则可得到定块机构,如图 2-108(c)所示,构件 3 称为定块。图 2-110 所示是手摇唧筒,是定块机构的应用实例。

（3）导杆机构。在图 2-108(a)所示的曲柄滑块机构中,若取构件 1 为机架,则可得到导杆机构,如图 2-108(d)所示,构件 4 称为导杆。

① 当 $l_1 < l_2$ 时,构件 4(导杆)能绕 A 点回转 360°,故将这种机构称为转动导杆机构。

② 当 $l_1 > l_2$ 时,构件 4(导杆)只能绕 A 点在小于 360°的范围内摆动,故将这种机构称为摆动导杆机构。

4. 双滑块机构(有两个移动副的平面四连杆机构)

如果以两个移动副代替铰链四连杆机构中的两个转动副,便可得到双滑块机构。图2-111、图 2-112、图 2-113 所示均为双滑块机构及其应用。

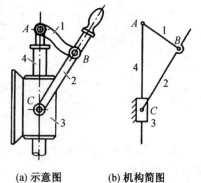

(a) 示意图　　(b) 机构简图

图 2-110　定块机构的应用实例(手摇唧筒)

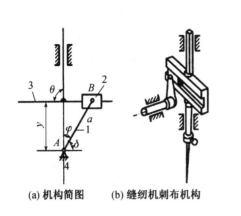

(a) 机构简图　(b) 缝纫机刺布机构

(a) 机构简图

(b) 十字滑块联轴器

图 2-111　正弦机构及应用实例　　图 2-112　双转块机构及应用实例

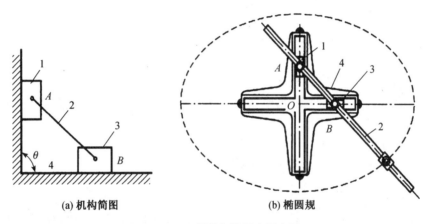

(a) 机构简图　　　　　　(b) 椭圆规

图 2-113　双滑块机构及应用实例

（三）平面四连杆机构的工作特性

1. 平面四连杆机构曲柄存在的条件

（1）理论分析。在平面四连杆机构中,有的连架杆能做整周转动而成为曲柄,而有的连架杆只能在一定角度范围内摆动而成为摇杆,这说明平面四连杆机构中存在曲柄是有一定条件的。

设图 2-114 所示的铰链四连杆机构为曲柄摇杆机构,其中 AB 为曲柄,各构件的长度顺序为 a、b、c、d,且 $a<d$。当曲柄 AB 绕点 A 做 360° 回转时,机构一定存在图 2-114 所示的两个位置,即机构各构件分别构成两个三角形 $\triangle B_1 C_1 D$ 和 $\triangle B_2 C_2 D$。由三角形的边长关系可得:

在 $\triangle B_1 C_1 D$ 中　　　　　$a+d<b+c$

在 $\triangle B_2 C_2 D$ 中　　　　　$b-c<d-a$ 即 $a+b<c+d$

或　　　　　　　　　　　$c-b<d-a$ 即 $a+c<b+d$

如果考虑曲柄、连杆、摇杆和机架四个构件位于同一直线时,则上述三式可写成:

$$\begin{cases} a+d \leqslant b+c \\ a+c \leqslant b+d \end{cases} \xrightarrow[\text{化简为}]{\text{两两相}} \begin{cases} a \leqslant b \\ a \leqslant c \end{cases}$$

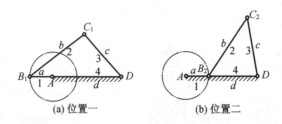

图 2-114　铰链四连杆机构有曲柄存在的条件

由以上的式子可得出：曲柄 AB 的长度 a 是四个构件中最短的。在另外三个构件长度 b、c、d 中，总有一个是最长的，故由以上式子可知：最长杆与最短杆长度之和≤其余两杆长度之和。这就是平面四连杆机构曲柄存在的条件。

（2）推论。根据铰链四连杆机构有曲柄存在的条件，可以得出以下推论：

① 若铰链四连杆机构中的最短杆与最长杆之和＞其余两杆长度之和，则无曲柄存在，机构为双摇杆机构。

② 若铰链四连杆机构中的最短杆与最长杆之和≤其余两杆长度之和，则有以下三种情况：

a. 若连杆是最短杆，则为双摇杆机构；

b. 若两连架杆之一是最短杆，则该连架杆为曲柄，另一连架杆为摇杆，机构为曲柄摇杆机构；

c. 若机架是最短杆，则为双曲柄机构。

三、急回运动特性与行程速比系数

（一）曲柄摇杆机构

在图 2-115(a)所示的曲柄摇杆机构中，当原动件曲柄 AB 做等速转动时，从动件摇杆 CD 做往复摆动，摆角为 Ψ。曲柄 AB 在转动一周的过程中，有两次与连杆 BC 共线，这时摇杆 CD 分别位于两极限位置 C_1D 和 C_2D，把曲柄与连杆共线时的两位置所夹的锐角称为极位夹角，用 θ 表示。

当曲柄 AB 按逆时针方向等速转过 $\varphi_1 = 180° + \theta$ 时，即由 AB_1 的位置运动到 AB_2 的位置，摇杆 CD 由 C_1D 摆至 C_2D，称其为正行程。摇杆 C 点的轨迹为 C_1C_2，经历的时间为 $t_正$，则摇杆正行程的 C 点平均速度为 $v_{m正} = \dfrac{C_1C_2}{t_正}$。当曲柄 AB 继续转过 $\varphi_2 = 180° - \theta$ 时，即由 AB_2 的位置运动到 AB_1 的位置，摇杆 CD 由 C_2D 摆至 C_1D，称其为反行程。摇杆 C 点的轨迹为 C_2C_1，经历的时间为 $t_反$，则摇杆反行程的 C 点平均速度为 $v_{m反} = \dfrac{C_2C_1}{t_反}$。则从动件反行程与正行程的平均速度之比为：

$$\frac{v_{m反}}{v_{m正}} = \frac{t_正}{t_反}$$

因为曲柄做等速转动，故经历的时间与相应的转角成正比，即：

$$\frac{v_{m反}}{v_{m正}} = \frac{t_正}{t_反} = \frac{\varphi_1}{\varphi_2} = \frac{180° + \theta}{180° - \theta}$$

由上式可知,当 $\theta \neq 0$ 时,有 $t_反 < t_正$,$v_{m反} > v_{m正}$,即从动件反行程经历的时间短,或者说从动件反行程的平均速度大,机构的这种特性称为急回运动特性。在工程上,把从动件反行程的平均速度 $v_{m反}$ 与正行程的平均速度 $v_{m正}$ 的比值称为行程速比系数,用 K 表示,即:

$$K = \frac{v_{m反}}{v_{m正}} = \frac{t_正}{t_反} = \frac{\varphi_1}{\varphi_2} = \frac{180° + \theta}{180° - \theta}$$

上式表明,当 $\theta \neq 0$ 时,$K > 1$,机构有急回运动特性,K 值越大,急回运动特性越显著。机械化生产中常利用机构的急回运动特性来提高生产效率。

(二)曲柄滑块机构

图 2-115(b)所示为偏置曲柄滑块机构,偏距为 e,原动件曲柄 AB 与连杆 BC 两次共线时,从动件滑块位于 C_1、C_2 两个极限位置,滑块的行程 $s = C_1 C_2$,由图可知,极位夹角 $\theta \neq 0$,则 $K > 1$,机构具有急回运动特性。

图 2-115(c)所示为对心曲柄滑块机构,偏距为 0,由图可知,极位夹角 $\theta = 0$,则 $K = 1$,机构无急回运动特性。

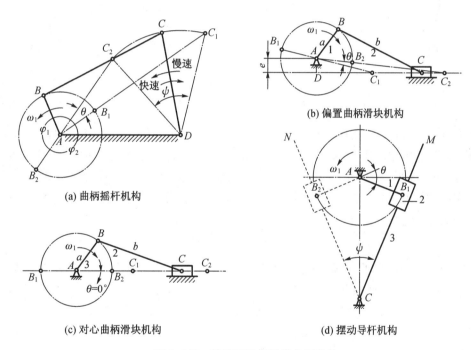

(a) 曲柄摇杆机构

(b) 偏置曲柄滑块机构

(c) 对心曲柄滑块机构

(d) 摆动导杆机构

图 2-115 铰链四连杆机构急回特性

(三)摆动导杆机构

图 2-115(d)所示为摆动导杆机构,导杆在两个极限位置 CM 和 CN 时,曲柄对应的两位置 AB_1 和 AB_2 分别与 CM 和 CN 垂直,AB_1 和 AB_2 所夹的锐角 θ 即为极位夹角。由于 $\theta \neq 0$,则 $K > 1$,机构具有急回运动特性。

四、压力角与传动角

平面四连杆机构不但能实现预期的运动,而且希望运转灵活、效率高。在图 2-116(a)所示的铰链四连杆机构中,原动件 1 经连杆 2 推动从动件 3 绕 D 点运动,若不计构件重力、惯性力和运动副中的摩擦力,则连杆 2 为二力杆,那么连杆 2 作用在从动件 3 上的推力 F 的方向,必沿着 BC 的连线。从动件 3 上的受力点 C 的速度为 v_c,其方向与 CD 垂直。从动件 3 上的力 F 的作用线与其受力点(C 点)速度 v_c 之间所夹的锐角称为压力角,用 α 表示。将力 F 分解为沿 v_c 方向的分力 F_t 和垂直方向的分力 F_n,则:$F_t = F\cos\alpha$,$F_n = F\cos\alpha$。力 F_t 是推动从动件运动的有效分力,应该越大越好;而力 F_n 不但对从动件无推动作用,反而在运动副中引起摩擦力,阻碍从动件运动,是有害分力,应越小越好。由式 $F_t = F\cos\alpha$ 和 $F_n = F\cos\alpha$ 可知:当压力角 α 越小时,有效分力越大,有害分力越小,机构越省力。因此,α 是判别机构传力情况好坏的重要参数。在工程上,为了保证机构传动性能良好,要限制工作行程的最大压力角 α_{max}。对于一般机械,通常取 $\alpha_{max} \leqslant 50°$;对于大功率机械,$\alpha_{max} \leqslant 40°$。

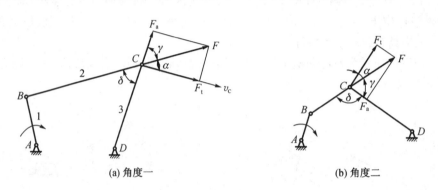

(a) 角度一　　　　　　　　　　　(b) 角度二

图 2-116　压力角和传动角

压力角的余角称为传动角,用 γ 表示。如图 2-116 所示,当 $\angle BCD$ 为锐角时,$\gamma = \angle BCD = \delta$;当 $\angle BCD$ 为钝角时,$\gamma = 180° - \angle BCD = 180° - \delta$。在实际工程中,传动角可以比较容易从两构件的夹角观察出来,因此,常以传动角作为四连杆机构传力情况的评价指标之一。为了保证机构传动性能良好,对于一般机械,应使 $\gamma_{max} \geqslant 40°$;对于大功率机械,$\gamma_{max} \geqslant 50°$。

五、死点位置

(一)概念

在图 2-117 所示的曲柄摇杆机构中,摇杆 AB 为原动件,曲柄 CD 为从动件。当连杆 BC 与从动件曲柄 CD 两次共线时,传动角 $\gamma = 0°$(压力角 $\alpha = 90°$),驱动力 F 与从动曲柄的运动方向垂直,其有效分力(力矩)为 0,机构的这种位置称为死点位置。

(二)死点位置的负面影响

机构在死点位置时,会出现从动件转向不定或者卡死不动的现象。如缝纫机的脚踏板机构所采用的曲柄摇杆机构,在连杆与曲柄共线的两个死点位置,出现从动曲柄倒、顺转向不定的现象,或者从动曲柄卡死不动的现象。

(三)避免死点位置的方法

对于传递运动的机构,应避免或设法闯过死点位置,常用的方法如下:

(1)在从动曲柄上加装飞轮,利用飞轮的惯性使机构顺利通过死点位置。如缝纫机的脚踏板机构中,曲柄上的大带轮就

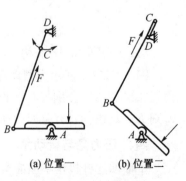

(a) 位置一　　　(b) 位置二

图 2-117　死点位置

相当于飞轮。

（2）多组机构交错排列。图 2-118 所示为 V 形发动机，两组机构交错排列，可使左右两机构不同时处于死点位置，从而避免了曲柄 AB 圆周运动的卡死现象。

（四）死点位置的应用

如果机构用于夹紧或需要卡死的装置，则要设置和利用死点位置。

图 2-119 所示为飞机的起落架机构。当连杆 2 与从动连架杆 3 处于同一直线时，因机构处于死点位置，故机轮着地时产生的巨大冲击力不会使从动件 3 摆动，总是保持支撑状态。

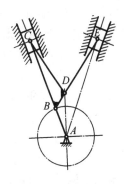

图 2-118 V 形发动机

图 2-120 所示为纺纱机 TF18 系列弹簧摇架的锁紧机构原理图。锁紧机构的形式虽然变化繁多，但其作用原理都属于四连杆机构的变形。图 2-120 中，摇架体 AB 和锁紧件 CD 杆是分别绕 A 点、B 点回转的摇杆，手柄 BC 是可以做平面运动的连杆，摇架座 AD 是固定杆（机架），杆 CD 由滚子 C、D 组成。滚子 C 套在手柄销轴上，滚子对销轴都是转动配合。杆 CD 的长度等于滚子 C 和 D 两者半径之和。O 点为 BC 杆的速度瞬心。锁紧作用原理是利用 AB、BC 杆从释压状态到加压状态的过程中，在越过死点后，各杆件即不能相对运动，整个加压体成为一体，保持加压状态，如图 2-120（a）所示。释压时，掀起手柄使 BC、CD 沿相反方向越过死点位置，则摇架解除锁紧，成为释压状态，如图 2-120（b）所示。

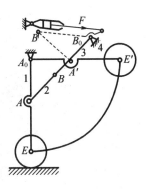

图 2-119 飞机起落架机

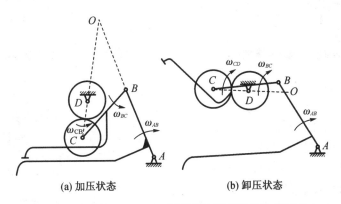

(a) 加压状态　　　　　　　　(b) 卸压状态

图 2-120 纺纱机 TF18 系列弹簧摇架的锁紧机构原理图

实际上，CD 杆只有在两个滚子 C、D 互相紧压的情况下，才能构成四连杆机构的一个杆件，而这种情况只在加压状态下才能出现。释压时，当掀起手柄 BC 杆，越过死点位置后，滚子 C、D 间不再存在约束，各杆件不再成为四连杆机构，所以称之为四连杆机构的变形。

六、凸轮机构

（一）凸轮机构的组成、应用和特点

凸轮机构一般由原动件凸轮、从动件和机架组成。原动件凸轮与从动件组成高副，属于高

副机构。凸轮机构的功能是将凸轮的连续转动或移动转换为从动件的连续或不连续的移动或摆动。与连杆机构相比,凸轮机构能准确地实现给定的运动规律和轨迹;但由于凸轮与从动件构成的高副是点或线的接触,所以使用中易磨损,同时凸轮轮廓制造也比较复杂和困难。

在纺织设备上,凸轮机构常应用于轻载、低速的自动或半自动机构的控制,如有些织机的凸轮开口机构和凸轮打纬机构。以下是凸轮机构应用的实例:

图 2-121 所示为内燃机的配气机构。凸轮 1 转动时,推动从动阀杆 2 上下移动,按给定的配气要求启闭阀门。

图 2-122 所示为自动车床靠模机构。拖板带动从动刀架 2 沿靠模凸轮 1 轮廓运动,刀刃走出手柄外形轨迹。

图 2-123 所示为缝纫机的挑线机构。

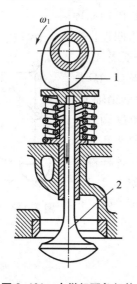

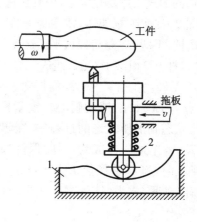

图 2-121　内燃机配气机构　　　　图 2-122　自动车床靠模机构

凸轮机构的分类如下:

1. 按凸轮形状分

(1) 盘形凸轮(图 2-121)。

(2) 圆柱凸轮(图 2-123)。

(3) 板状凸轮(图 2-122)。

2. 按从动件末端形状分

(1) 尖顶从动件(图 2-124)。它以尖顶与

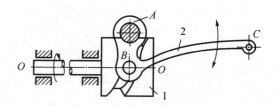

图 2-123　缝纫机的挑线机构

凸轮接触,由于是点接触,又是滑动摩擦,所以摩擦和磨损都大,只限传递运动,不宜传力。

(2) 滚子从动件(图 2-122,图 2-123)。它以滚子与凸轮接触,由于是线接触,又是滚动摩擦,所以摩擦和磨损较小,可以传递运动和传力。

(3) 平底从动件(图 2-121)。它以平底与凸轮接触,平面与凸轮轮廓间有楔状空隙,便于形成油膜,可减少摩擦、降低磨损。

3. 按从动件运动形式分

(1) 直动从动件(图 2-121,图 2-122)。

(2) 摆动从动件(图 2-123)。

4. 按凸轮运动形式分

(1) 转动凸轮(图 2-121,图 2-123)。

(2) 移动凸轮(图 2-122)。这种凸轮相对于从动件做移动。

5. 按使从动件与凸轮保持接触的锁合方式分

(1) 力锁合,即依靠重力或弹簧压力锁合(图 2-121)。

(2) 几何锁合,即依靠凸轮几何形状锁合(图 2-123)。

实际应用的凸轮机构通常是上述类型的组合。

(二) 凸轮机构的运动及规律

1. 凸轮机构运动过程及有关名称

以图 2-124(a)所示的尖顶直动从动件盘形凸轮机构为例,说明原动件凸轮与从动件间的运动关系及有关名称。图示位置是凸轮转角为零,从动件位移也为零,从动件尖顶位于离凸轮轴心 O 最近位置 A,称为起始位段。以凸轮轮廓最小向径 OA 为半径作的圆,称为基圆,基圆半径用 r_b 表示。从动件离轴心最近位置 A 到最远位置 B' 间移动的距离 h 称为行程。

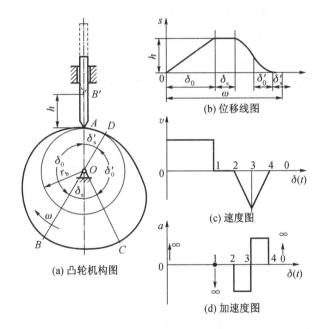

图 2-124　凸轮机构的运动及规律

(1) 推程。当凸轮以等角速 ω 按顺时针方向转动时,从动件尖顶被凸轮轮廓由 A 推至 B',这一行程称为推程,凸轮相应转角 δ_0 称为推程运动角。从动件在推程做功,称为工作行程。

(2) 远休止角。凸轮继续转动,从动件尖顶与凸轮的 BC 圆弧段接触,停留在远离凸轮轴心 O 的位置 B',称为远休止,凸轮相应转角 δ_s 称为远休止角。

(3) 回程。凸轮继续转动,从动件尖顶与凸轮轮廓 CD 圆弧段接触,在其重力或弹簧力作用下由 B' 回到 A,这一行程称为回程,凸轮相应转角 δ_0' 称为回程运动角。从动件在回程不做功,称为空回行程。

(4) 近休止角。凸轮继续转动,从动件尖顶与凸轮的 DA 圆弧段接触,停留在离凸轮轴心最近位置 A,称为近休止,凸轮相应转角 δ'_s 称为近休止角。

凸轮转过一周,从动件经历推程、远休止、回程、近休止四个运动阶段,是典型的升—停—回—停的双停歇循环;从动件运动也可以是一次停歇或没有停歇的循环行程。行程 h 及各阶段的转角,即 δ_0、δ_s、δ'_0、δ'_s 是描述凸轮机构运动的重要参数。

2. 位移线图

从动件的运动过程,可用位移线图表示。位移线图以从动件位移 s 或角位移 φ 为纵坐标,以凸轮转角 δ 为横坐标。图 2-124(b) 是图 2-124(a) 所示凸轮机构的位移线图,它以 $0—1'$、$1'—2'$、$3'—4$、$4—0'$ 四根位移线,分别表示本机构推程、远休止、回程、近休止四个运动过程。由于凸轮以等角速 ω 转动,转角 $\delta = \omega t$,ω 是常数,故位移线图也可以时间 t 为横坐标。

(三) 从动件的运动规律

从动件运动规律,就是从动件位移或角位移与凸轮转角间的关系,可以用线图表示,也可以用运动方程式表示,或者用表格表示。

从动件常用的运动规律有:①等速运动;②等加速或等减速运动;③正弦加速运动(简谐运动);④余弦加速运动(摆线运动);等。

1. 运动方程及位移线图作法

(1) 等速运动。直线等速运动的位移方程为 $s = v_0 t$,将时间 t 替换为转角 δ,并经推导得:

① 推程位移方程:

$$s = h\delta/\delta_0 \quad (0 \leqslant \delta \leqslant \delta_0)$$

② 回程位移方程:

$$s = h\delta/\delta'_0 \quad (0 \leqslant \delta \leqslant \delta'_0)$$

式中:s—— 位移;

$\quad\quad \delta$—— 转角;

$\quad\quad h$—— 行程;

$\quad\quad \delta_0$—— 推程运动角;

$\quad\quad \delta'_0$—— 回程运动角。

以下各式的符号意义与上述相同。

由推程位移方程知,等速运动的位移线是一条直线,联接 $\delta'_0 = 0°$、$s = 0$ 和 $\delta = \delta_0$、$s = h$ 两点,便可得推程的位移线图(图 2-125)。

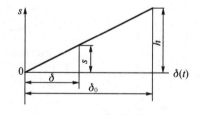

图 2-125　推程位移线

(2) 等加速或减速运动。直线等加速运动方程为 $s = 0.5 a_0 t^2$,将时间 t 替换为转角 δ,并经推导得:

① 推程位移方程:

等加速上升:$\quad\quad\quad s = 2h\delta^2/\delta_0^2 \quad (0 \leqslant \delta \leqslant \delta_0/2)$

等减速上升:$\quad\quad\quad s = h - 2h(\delta_0 - \delta)^2/\delta_0^2 \quad (\delta_0/2 \leqslant \delta \leqslant \delta_0)$

② 回程位移方程：

等加速下降：$\qquad s = h - 2h\delta^2/\delta_0'^2 \ (0 \leqslant \delta \leqslant \delta_0'/2)$

等减速下降：$\qquad s = 2h(\delta_0' - \delta)^2/\delta_0'^2 \ (\delta_0'/2 \leqslant \delta \leqslant \delta_0')$

由推程位移方程中的等加速上升方程知，等加速上升的位移线是二次抛物线，其作图方法如图 2-126 所示。将 δ_0、h 对分后，再将 $\delta_0/2$、$h/2$ 分别分成若干等份（图中为 4 等份），得 1、2、3、4 和 $1'$、$2'$、$3'$、$4'$ 等分点，联接 0—$1'$、0—$2'$、0—$3'$、0—$4'$ 直线，它们分别与过点 1、2、3、4 的垂线相交，最后将各交点连成光滑曲线，该曲线便是等加速上升的位移线，即二次抛物线。接着按等减速上升方程画减速上升的位移线，即二次反抛物线。

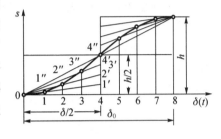

图 2-126　等加速上升的位移线

2. 从动件的速度、加速度

图 2-124(b) 是图 2-124(a) 所示凸轮机构的位移线图。它所描述的从动件运动规律是：等速上升、静止、等加速/等减速下降、静止。由运动学知，位移 s 对时间 t 的一阶导数是速度 v，得速度图[图 2-124(c)]；速度 v 对时间 t 的一阶导数是加速度 a，得加速度图[图 2-124(d)]。

观察图 2-124(b) 中，转角 δ 在横坐标 0、1、2、3、4 时的运动状态。速度 v 在 0、1 两个位置，由 0 突然上升和下降，使加速度 a 达到 $+\infty$ 和 $-\infty$。因此，在这两个位置，凸轮与从动件间产生刚性冲击。加速度 a 在 2、3、4 位置，突然做有限的上升和下降，因而凸轮与从动件间产生柔性冲击。凸轮机构发生冲击时，会损坏构件，破坏机构正常运行，引起噪声，应加以避免。究其原因，是从动件的速度和加速度发生突变。由图 2-124 可见，是转角在横坐标 0、1、2、3、4 等位置，从动件的位移、速度、加速度线段衔接处不连续、不光滑所致。通常的方法是将位移线做适当修正或选择合适的从动件运动规律，使位移、速度、加速度线始终连续、光滑。

在实际中，选用从动件运动规律，要考虑刚性和柔性冲击（一般发生在两种位移线联接点和位移线本身的拐点所在转角位置）、最大速度 v_{max} 和最大加速度 a_{max}。v_{max} 越大，冲击能量越大，a_{max} 越大，惯性力越大，对机构都不利。常用运动规律的 v_{max}、a_{max} 的相对值和冲击特性列于表 2-15 中。

表 2-15　常用运动规律比较

运动规律	v_{max}	a_{max}	冲击特性	应用范围
等速	1.00	∞	刚性	低速轻载
等加速等减速	2.00	4.00	柔性	中速轻载
余弦加速度	1.57	4.93	柔性	中速中载
正弦加速度	2.00	6.28	没有	高速轻载

七、间歇机构

间歇机构是将连续运动转换为间歇运动。常见的间歇运动机构，有棘轮机构、槽轮机构、不完全齿轮机构和凸轮间歇机构等。

（一）棘轮机构

棘轮机构是利用棘爪推动或拉动棘轮上的棘齿的方式,来实现周期性间歇运动的机构。

1. 棘轮机构的工作过程

棘轮机构主要由棘轮、棘爪和机架三部分组成,如图 2-127 所示。棘轮 1 具有单向棘齿,用键与输出轴相联,棘爪 2 铰接于摇杆 3 上。摇杆 3 空套于棘轮轴上,可自由转动。当摇杆 3 顺时针方向摆动时,棘爪插入棘齿槽内,推动棘轮转动一定角度;当摇杆逆时针方向摆动时,棘爪沿棘齿背滑过,棘轮停止不动,从而获得间歇运动。止退爪 4 用以防止棘轮倒转和定位。扭簧 5 使棘爪紧贴在棘轮上。

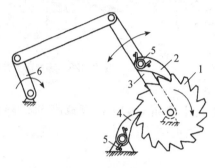

图 2-127　棘轮机构

图 2-128　内棘轮机构

棘轮的齿在轮的外缘的,称为外棘轮机构,如图2-129所示;齿在轮的内圈的,称为内棘轮机构,如图2-128所示。棘轮机构可分为单向驱动和双向驱动的棘轮机构。单向驱动的棘轮机构,常采用锯齿形齿(图2-127)。双向驱动的棘轮机构,采用矩形齿(图2-129),棘爪在图示位置,推动棘轮逆时针转动;棘爪转 180°后,推动棘轮顺时针转动。

2. 棘轮机构的特点和应用

棘轮机构结构简单、制造方便,棘轮的转角可以在一定的范围内调节。由于棘轮每次转角都是棘轮齿距角的倍数,所以棘轮转角的改变是有级的。棘轮转角的准确度差,运转时产生冲击和噪声,所以棘轮机构只适用于低速和转角不大的场合,常用在纺织设备的进给机构、转位机构中,如应用在织机的卷取机构中。

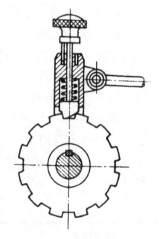

图 2-129　外棘轮机构

调节棘轮转角,可通过改变摇杆摆角大小来实现。如图 2-127所示,改变曲柄 6 的长度可改变摇杆摆角。

3. 棘轮机构的结构要求和主要参数

棘轮机构在结构上要求驱动力矩最大、棘爪能顺利插入棘轮。棘轮机构的结构如图2-130所示,棘爪为二力构件,驱动力沿 O_1A 方向,当其与向径 O_2A 垂直时,驱动力矩最大。齿面与向径间的夹角 φ,称为齿倾角。当齿倾角 φ 大于摩擦角 β 时,棘爪能顺利插入棘轮齿。

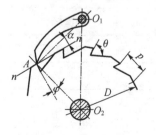

图 2-130　棘轮机构结构图

（二）槽轮机构

槽轮机构是利用圆销插入轮槽并拨动槽轮和圆销脱离轮槽槽轮停止转动的方式，来实现周期性间歇运动的机构。

1. 槽轮机构的工作过程

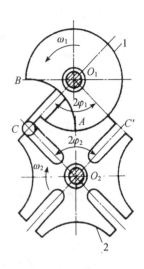

槽轮机构主要由带圆销的主动拨盘 1、带径向槽的从动槽轮 2 和机架三部分组成，分为外槽轮机构和内槽轮机构两种。图 2-131 所示为外槽轮机构，当拨盘 1 以 ω_1 做匀速转动时，圆销 C 由左侧插入轮槽，拨动槽轮顺时针转动；然后由右侧脱离轮槽，槽轮停止转动，并由拨盘凸弧通过槽轮凹弧，将槽轮锁住。拨盘转过 $2\varphi_1$ 角，槽轮相应反向转过 $2\varphi_2$ 角。图 2-132 所示为内槽轮机构，当主动拨盘 1 转动时，从动槽轮 2 以相同转向转动；其结构紧凑、运动也较平稳。

2. 槽轮机构的特点和应用

图 2-131 外槽轮机构

槽轮机构的结构简单、转位方便，但是转位角度受槽数的限制，不能调节，在轮槽转动的起始和终止位置，加速度变化大，冲击也大，只能用于低速自动机的转位或分度机构。图 2-133 所示为槽轮机构应用于六角车床刀架转位，刀架 3 装有六把刀具，与刀架一体的是六槽外槽轮 2，拨盘 1 回转一周，槽轮转过 60°，将下一工序刀具转换到工作位置。

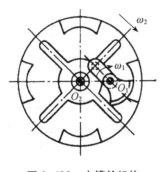

图 2-132 内槽轮机构

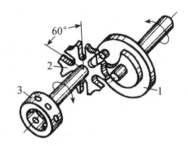

图 2-133 六角车床刀架

3. 运动系数和主要参数

槽轮机构的主要参数是槽轮槽数 z 和圆销个数 K。圆销进槽和出槽的瞬时速度方向必须沿着槽轮的径向，以避免进、出槽时产生冲击，由图 2-131 可得 O_1C 垂直 O_2C，O_1C' 垂直 O_2C'，即：

$$2\varphi_1 + 2\varphi_2 = \pi$$

又因轮槽是等分的，所以 $2\varphi_2 = 2\pi/z$，代入公式可求得：

$$2\varphi_1 = \pi - 2\varphi_2 = \pi - 2\pi/z = \pi(z-2)/z$$

由上式可知，$z \geqslant 3$，槽数过少，传动不平稳，一般取 z 为 $4 \sim 8$。

在主动拨盘的一个运动周期内，从动槽轮 2 的运动时间 t_m 与拨盘 1 的运动时间 t 的比值 τ，称为运动系数。由于拨盘做匀速转动，比值 τ 可用拨盘转角比表示。对单圆销槽轮机构，t_m 和 t 分别对应于拨盘转角 $2\varphi_1$ 和 2π。故运动系数：

$$\tau = t_m/t = 2\varphi_1/2\pi = (z-2)/2z$$

若需增大运动系数，可用多个圆销，设圆销数为 K，则：

$$\tau = K(z-2)/2z \tag{4-6}$$

根据槽轮机构间歇运动特点，可知 $0 < \tau < 1$，代入上式得：

$$K < 2z/(z-2)$$

圆销数必须满足上式的要求，故 z 与 K 的关系见表 2-16。

表 2-16　圆销数 K 与 z 的关系

z	3	$4 \sim 5$	$\geqslant 6$
K	$1 \sim 5$	$1 \sim 3$	$1 \sim 2$

思考与练习

2-1　什么是构件？构件与零件有什么区别？

2-2　什么是运动副？运动副有哪些常用类型？

2-3　什么是自由度？什么是约束？自由度、约束、运动副之间存在什么关系？

2-4　什么是运动链？什么是机构？机构具有确定运动的条件是什么？当机构的原动件数少于或多于机构的自由度时，机构的运动将发生什么情况？

2-5　机构运动简图有何用处？如何绘制机构简图？

2-6　验算题 2-6 图中机构能否运动？如果能运动，其运动是否具有确定性？如果运动没有确定性，请给出具有确定运动的修改方法。

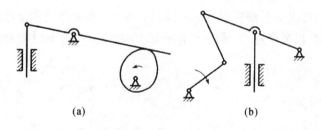

(a)　　　　　　　　　　　　(b)

题 2-6 图

2-7　绘出题 2-7 图所示机构的运动简图，并计算自由度（其中构件 1 为机架）。

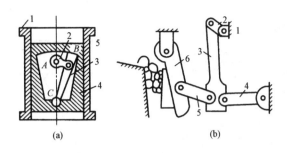

题 2-7 图

2-8 计算题 2-8 图所示机构的自由度,指出其中是否含有复合铰链、局部自由度或虚约束,并判断机构运动是否确定。

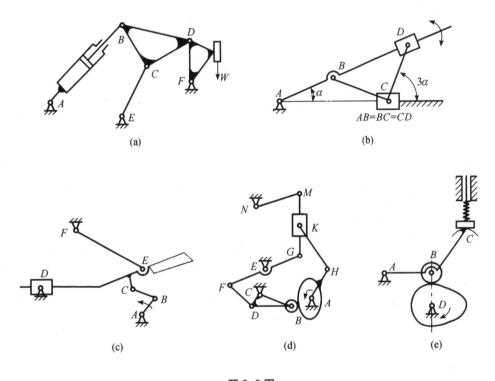

题 2-8 图

2-9 铰链四连杆机构有哪些基本类型? 含有一个移动副的四连杆机构有哪些基本类型?

2-10 什么是曲柄? 铰链四连杆机构有曲柄的条件是什么?

2-11 平面连杆机构中的急回运动特性是什么含义? 在什么条件下机构才具有急回运动特性?

2-12 什么是平面四连杆机构的行程速比系数 K 值?

2-13 试标出题 2-13 图中所示各机构:极限位置、最大压力角位置、死点位置。

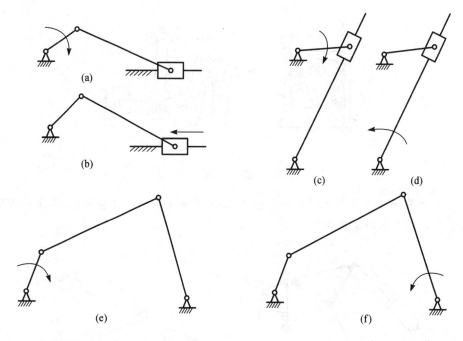

题 2-13 图

2-14 在题 2-14 图所示的铰链四连杆机构中,已知各构件长度: $l_{AB}=60$ mm, $l_{BC}=45$ mm, $l_{CD}=50$ mm, $l_{AD}=30$ mm。试问:(1)哪个构件固定可获得曲柄摇杆机构?(2)哪个构件固定可获得双曲柄机构?(3)哪个构件固定可获得双摇杆机构?

2-15 试列举纺织设备上的平面四连杆机构。

2-16 举出生产中应用凸轮机构的几个实例,说明这些凸轮机构的结构特点和工作条件。

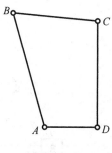

题 2-14 图

2-17 比较连杆机构和凸轮机构的优缺点。

2-18 间歇机构有什么功能?

2-19 棘轮机构如何调整棘轮每次转过的角度?

2-20 棘轮机构和槽轮机构的主要参数是哪些?

2-21 自行车前轴、后轴、中轴各属什么类型?

2-22 轴对材料有什么要求,常用哪类钢材?采用高强度的钢材,能否获得高的刚度?

2-23 轴的结构设计要注意哪几个方面?

2-24 滑动轴承与滚动轴承,在减少摩擦方面有什么不同?

2-25 对开式滑动轴承由哪些零件组成?各零件起什么作用?

2-26 轴瓦各部分结构有什么功用?开油沟要注意什么问题?

2-27 试述滚动轴承的公称接触角、倾斜角,它们各表示轴承的什么性能?

2-28 角接触向心轴承和轴向接触推力轴承为什么不能用作游动轴承?

第三章 机械传动

第一节 带传动

带传动由主动轮、带、从动轮组成。带是挠性的中间零件,通过它将主动轮1的运动和动力传递给从动轮2(图3-1)。带传动可分为:①摩擦带传动,依靠带与带轮间的摩擦力传递运动;②啮合带传动,依靠带上的齿或孔与带轮上的齿直接啮合传递运动。

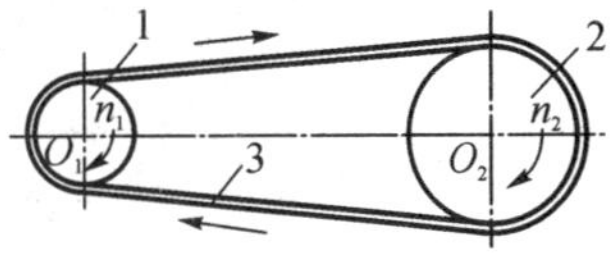

图 3-1　带传动

一、带传动的类型

(一)摩擦带传动

按带的横截面形状(图3-2),摩擦带传动分为:

1. 平带传动

平带的横截面为扁平形,其工作面为内表面[图3-2(a)]。常用的平带为橡胶帆布带。

2. V带传动

V带的横截面为梯形,其工作面为两侧面[图3-2(b)]。V带与平带相比,由于正压力作用在楔形面上,当量摩擦系数大,能传递较大的功率,结构也紧凑,故应用最广。

3. 多楔带传动

多楔带是若干V带的组合[图3-2(c)],可避免多根V带长度不等、传力不均的缺点。

4. 圆带传动

圆带的横截面为圆形,通常用皮革或棉绳制成[图3-2(d)]。圆带传动适用于传递小功率,如仪表、缝纫机等。

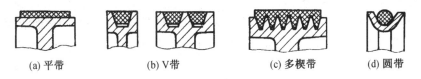

(a) 平带　　　　(b) V带　　　　(c) 多楔带　　　　(d) 圆带

图 3-2　摩擦带传动

(二)啮合带传动

啮合带传动有以下两种:

1. 同步带传动

工作时,带上的齿与轮上的齿相互啮合,以传递运动和动力(图3-3)。同步带传动可避免带与轮之间产生滑动,以保证两轮圆周速度同步。它常用于数控机床、纺织机械、收录机等需要速度同步的场合。

2. 齿孔带传动

工作时,带上的孔与轮上的齿相互啮合,以传递运动(图 3-4)。这种传动同样可保证同步运动。如剑杆织机的引纬机构采用的就是齿孔带传动。

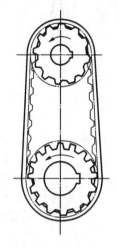

图 3-3 同步带传动

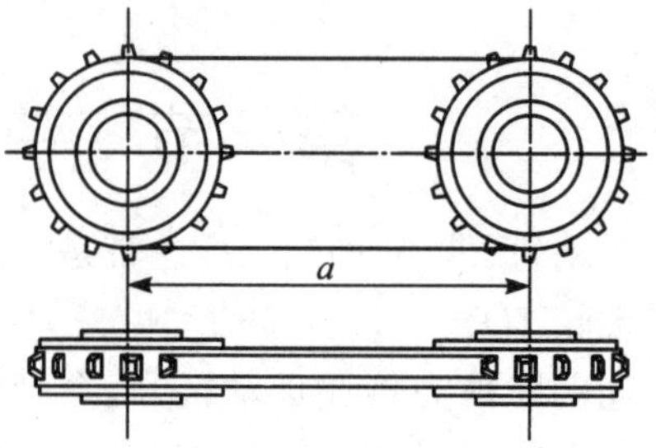

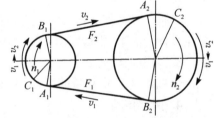

图 3-4 齿孔带传动

二、带传动的弹性滑动和传动比

由于传动带是弹性体,受到拉力后会产生弹性伸长,伸长量随拉力大小的变化而改变。带由紧边绕过主动轮进入松边时,带内拉力由 F_1 减小为 F_2,其弹性伸长量也由 δ_1 减小为 δ_2。这说明带在绕经带轮的过程中,相对于轮面向后收缩了 $\delta(\delta=\delta_1-\delta_2)$,带与带轮轮面间出现局部相对滑动,导致带的速度逐渐小于主动轮的圆周速度,如图 3-5 所示。同样,当带由松边绕过从动轮进入紧边时,拉力增加,带逐渐被拉长,沿轮面产生向前的弹性滑动,使带的速度逐渐大于从动轮的圆周速度。这种由于带的弹性变形而产生的带与带轮间的滑动,称为弹性滑动。

图 3-5 带传动的弹性滑动

要强调的是:弹性滑动和打滑概念截然不同。打滑是指过载引起的全面滑动,是可以避免的。而弹性滑动是由拉力差引起的,只要传递圆周力,就必然会发生弹性滑动,所以,弹性滑动是不可避免的。

带的弹性滑动使从动轮的圆周速度 v_2 低于主动轮的圆周速度 v_1,其速度的降低率用滑动率 ε 表示,即:

$$\varepsilon=\frac{v_1-v_2}{v_2}=\frac{\pi d_1 n_1-\pi d_2 n_2}{\pi d_1 n_1}=\frac{d_1 n_1-d_2 n_2}{d_1 n_1}$$

式中:n_1、n_2——主动轮、从动轮的转速(r/min);

d_1、d_2——主动轮、从动轮的直径(mm)。

由上式得带传动的传动比为:

$$i_{12} = \frac{n_1}{n_2} = \frac{d_2}{d_1(1-\varepsilon)} = \frac{\text{从动轮直径}}{\text{主动轮直径}}$$

则从动轮的转速为：

$$n_2 = \frac{n_1 d_1 (1-\varepsilon)}{d_2}$$

由于带传动的滑动率 $\varepsilon = 0.01 \sim 0.02$，其值很小，所以在一般传动计算中可不考虑。

第二节 链 传 动

链传动是一种具有中间挠性件（链条）的啮合传动，它同时具有刚、柔的特点，是一种应用十分广泛的机械传动形式。如图 3-6 所示，链传动由主动链轮 1、从动链轮 2 和中间挠性件（链条）3 组成，通过链条的链节与链轮相啮合而传递动力。

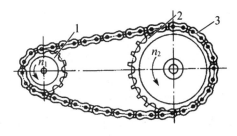

图 3-6 链传动

与带传动相比，链传动能得到准确的平均传动比，张紧力小，故对轴的压力小。链传动可在高温、油污、潮湿等恶劣环境下工作，但其传动平稳性差，工作时有噪声，一般多用于中心距较大的两平行轴之间的低速传动。

链传动适用的一般范围：传递功率 $P \leqslant 100$ kW，中心距 a 为 $5 \sim 6$ m，传动比 $i \leqslant 8$，链速 $v \leqslant 15$ m/s，传动效率为 $0.95 \sim 0.98$。

链传动广泛应用于矿山机械、冶金机械、运输机械、机床传动及轻工机械中。

按用途的不同，链条可分为传动链、起重链和曳引链。用于传递动力的传动链又有齿形链和滚子链两种。齿形链运转较平稳，噪声小，又称无声链。它适用于高速、运动精度较高的传动中，链速可达 40 m/s，缺点是制造成本高、质量大。

我国目前使用的滚子链的标准为 GB/T 1243.1—1997，分为 A、B 两个系列，常用的是 A 系列。国际上链节距均采用英制单位，我国标准中规定链节距采用米制单位（按转换关系从英制折算成米制）。对应于链节距有不同的链号，用链号乘以 25.4/16 mm 所得的数值，即为链节距 p(mm)。

滚子链的标记方法为：链号—排数×链节数　标准代号。例如：A 系列滚子链，节距为 19.05 mm，双排，链节数为 100。其标记方法为：12A—2×100　GB/T 1243.1—1997。

第三节 齿 轮 传 动

一、渐开线直齿圆柱齿轮传动

（一）渐开线直齿圆柱齿轮的基本参数及几何尺寸计算

参见本书第二章第一节。

（二）渐开线直齿圆柱齿轮的正确啮合条件

一对渐开线齿廓能保证定传动比传动,但并不说明任意两个渐开线齿轮都能正确啮合传动。要正确啮合,必须满足一定的条件,即正确啮合条件。

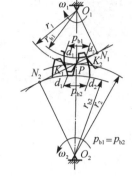

如图 3-7 所示,设相邻两齿同侧齿廓与啮合线 N_1N_2(同时为啮合点的法线)的交点分别为 K_1 和 K_2,线段 K_1K_2 的长度称为齿轮的法向齿距。显然,要使两轮正确啮合,它们的法向齿距必须相等。由渐开线的性质可知,法向齿距等于两轮基圆上的齿距,因此要使两轮正确啮合,必须满足 $p_{b1} = p_{b2}$,而 $p_b = \pi m \cos \alpha$,故可得:

$$\pi m_1 \cos \alpha_1 = \pi m_2 \cos \alpha_2$$

由于渐开线直齿圆柱齿轮的模数 m 和压力角 α 均为标准值,所以两轮的正确啮合条件为

图 3-7 正确啮合的条件

$$m_1 = m_2 = m$$
$$\alpha_1 = \alpha_2 = \alpha$$

即两轮的模数和压力角分别相等。

（三）渐开线直齿圆柱齿轮传动的重合度

齿轮传动是依靠两轮的轮齿依次啮合而实现的。如图 3-8 所示,齿轮 1 是主动轮,齿轮 2 是从动轮。齿轮的啮合是从主动轮的齿顶开始的,因此初始啮合点是从动轮齿顶与啮合线的交点 B_2,一直啮合到主动轮的齿顶与啮合线的交点 B_1 为止,因此 B_1B_2 是实际啮合线长度。显然,随着齿顶圆的增大,B_1B_2 线可以延长,但不会超过 N_1、N_2 点。N_1、N_2 点称为啮合极限点,N_1N_2 为理论啮合线长度。当 B_1B_2 恰好等于 p_b 时,即前一对齿在 B_1 点即将脱离,后一对齿刚好在 B_2 点接触时,齿轮能保证连续传动。但若齿轮 2 的齿顶圆直径稍小,它与啮合线的交点在 B_2',即 $B_1B_2 < p_b$。此时前一对齿即将分离,后一对齿尚未进入啮合,齿轮传动中断。如图 3-8 中虚线所示,前一对齿到达 B_1 点时,后一对齿已经啮合多时,此时 $B_1B_2 > p_b$。由此可见,齿轮连续传动的条件为

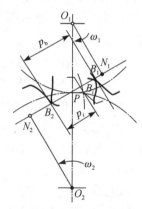

图 3-8 齿轮传动的重合度

$$\varepsilon = B_1B_2 / p_b \geqslant 1$$

ε 称为重合度,它表明同时参与啮合轮齿的对数。ε 值越大,表明同时参与啮合轮齿的对数越多,每对齿的负荷越小,负荷变动量也越小,传动也越平稳。因此 ε 是衡量齿轮传动质量的指标之一。

二、斜齿圆柱齿轮传动

由于圆柱齿轮有一定的宽度,因此轮齿的齿廓沿轴线方向形成一曲面。直齿轮的轮齿渐开线曲面的形成如图 3-9(a)所示。平面 S 与基圆柱相切于母线 MN,当平面 S 沿基圆柱做纯滚动时,其上与母线平行的直线 KK 在空间所走的轨迹为渐开

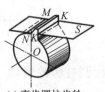
(a)直齿圆柱齿轮

(b)斜齿圆柱齿轮

图 3-9 渐开线曲面的形成

线曲面。平面 S 称为发生面,形成的曲面即为直齿轮的齿廓曲面。

斜齿圆柱齿轮的齿廓曲面的形成如图 3-9(b)所示。当平面 S 沿基圆柱做纯滚动时,其上与母线 MN 成一倾斜角 β_b 的斜直线 KK 在空间所走的轨迹为一个渐开线螺旋面。该螺旋面即为斜齿圆柱齿轮的齿廓曲面,β_b 称为基圆柱上的螺旋角。

直齿圆柱齿轮啮合时,齿面的接触线均平行于齿轮轴线。因此轮齿是沿整个齿宽同时进入啮合、同时脱离啮合的,载荷延齿宽突然加上及卸下。因此直齿轮传动的平稳性较差,容易产生冲击和噪音,不适用于高速和重载的传动。

斜齿圆柱齿轮的齿廓在任何位置啮合,其接触线都是与轴线倾斜的直线。一对轮齿从开始啮合起,斜齿轮的齿廓接触线的长度由零逐渐增加至最大值,以后又逐渐缩短到零脱离啮合,所以轮齿的啮合过程是一种逐渐的啮合过程。另外,由于轮齿是倾斜的,所以同时啮合的齿数较多。因此,斜齿圆柱齿轮传动有以下特点:

(1)齿廓误差对传动的影响较小,传动的冲击、振动和噪声较轻,适用于高速场合。

(2)传动能力较大,适用于重载。

(3)在传动时产生轴向分力 F_a,它对轴和轴承支座的结构提出了特殊要求。

若采用人字齿轮,可以消除轴向分力的影响。人字齿轮的轮齿左右两侧完全对称,其两侧所产生的两个轴向力互相平衡。人字齿轮适用于传递大功率的重型机械。

斜齿轮的正确啮合条件:要使一对平行轴斜齿轮能正确啮合,除满足直齿轮的正确啮合条件外,还需考虑两轮螺旋角的匹配问题,故平行轴斜齿轮正确啮合的条件为:

$$m_{n1} = m_{n2} = m_n ; \alpha_{n1} = \alpha_{n2} = \alpha ; \beta_1 = \pm\beta_2$$

或

$$m_{t1} = m_{t2} ; \alpha_{t1} = \alpha_{t2} ; \beta_1 = \pm\beta_2$$

上式中,正号用于内啮合,表示两轮的螺旋角大小相等,旋向相同;负号用于外啮合,表示两轮的螺旋角大小相等,旋向相反。

三、直齿圆锥齿轮传动

(一)功用

圆锥齿轮传动传递的是相交两周的运动和动力。

(二)特点

如图 3-10 所示,圆锥齿轮的轮齿分布在圆锥体上,从大端到小端逐渐减小。一对圆锥齿轮的运动可以看成是两个锥顶共点的圆锥体相互做纯滚动,这两个锥顶共点的圆锥体就是节圆锥。此外,与圆柱齿轮相似,圆锥齿轮还有基圆锥、分度圆锥、齿顶圆锥、齿根圆锥。对于正确安装的标准圆锥齿轮传动,其节圆锥与分度圆锥应该重合。

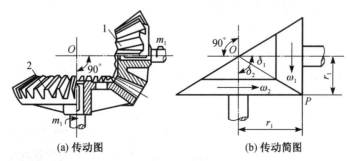

(a)传动图　　　　　　　　　(b)传动简图

图 3-10　直齿圆锥齿轮传动

（三）类型

圆锥齿轮的轮齿有直齿和曲齿两种类型。

（四）适用场合

直齿圆锥齿轮易于制造，适用于低速、轻载传动的场合；而曲齿圆锥齿轮传动平稳、承载能力强，常用于高速、重载传动的场合，但其设计和制造较为复杂。

直齿圆锥齿轮的正确啮合条件可从当量圆柱齿轮的正确啮合条件得到，即两齿轮的大端模数必须相等，压力角也必须相等，即：

$$m_1 = m_2 = m;\ \alpha_1 = \alpha_2 = \alpha$$

四、蜗杆传动

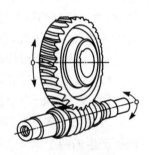

蜗杆传动主要由蜗杆和蜗轮组成，它们的轴线通常在空间交错成 $90°$ 角，如图 3-11 所示，可用于传递空间两交错轴之间的运动和动力，广泛应用于各种机器和仪器设备中。常用的普通蜗杆是具有梯形螺纹的螺杆，其螺纹有左旋、右旋和单头、多头之分。常用蜗轮是具有弧形轮缘的斜齿轮。一对相啮合的蜗杆传动，其蜗杆、蜗轮轮齿的旋向相同（旋向判别方法同斜齿轮）

图 3-11 蜗杆传动

（一）蜗杆传动的类型

按蜗杆形状的不同，蜗杆传动可分为圆柱面蜗杆传动、圆弧面蜗杆传动和锥面蜗杆传动，如图 3-12 所示。

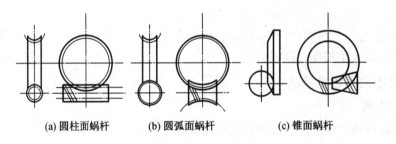

(a) 圆柱面蜗杆　　(b) 圆弧面蜗杆　　(c) 锥面蜗杆

图 3-12 蜗杆传动的类型

按螺旋面形状的不同，圆柱面蜗杆又可分为阿基米德蜗杆（ZA 型）、渐开线蜗杆（ZI 型）等；其中阿基米德蜗杆由于加工方便，其应用最为广泛。

（二）蜗杆传动的特点

（1）蜗杆传动的最大特点是结构紧凑、传动比大。一般传动比 i 为 $10\sim40$，最大可达 80。若只传递运动（如分度运动），其转动比可达 1 000。

（2）传动平稳、噪声小。由于蜗杆上的齿是连续不断的螺旋齿，蜗轮轮齿和蜗杆是逐渐进入啮合并逐渐退出啮合的，同时啮合的齿数较多，所以传动平稳、噪声小。

（3）可制成具有自锁性的蜗杆。当蜗杆的螺旋线升角小于啮合面的摩擦角时，蜗杆传动具有自锁性，即蜗杆能驱动蜗轮，而蜗轮不能驱动蜗杆。

（4）蜗杆传动的主要缺点是效率较低。这是由于蜗轮和蜗杆在啮合处有较大的相对滑动，因而发热量大，效率较低。传动效率一般为 $0.7\sim0.8$；当蜗杆传动具有自锁性时，效率小于 0.5。

（5）蜗轮的造价较高。为减轻齿面的磨损及防止胶合，蜗轮一般多用青铜制造，因此造价较高。

第四节 轮 系

在实际机械中，为了获得大传动或变速、变向，一对齿轮传动往往不能满足工作要求，而是需要用若干对齿轮组成的传动机构。这种由一系列齿轮组成的传动系统，称为轮系。

轮系可分为定轴轮系、周转轮系和混合轮系。

一、定轴轮系

（一）定轴轮系的概念

当轮系运转时，各齿轮的几何轴线位置相对于机架均为固定不变的轮系，称为定轴轮系。定轴轮系有平面定轴轮系和空间定轴轮系两大类。由轴线互相平行的圆柱齿轮组成的定轴轮系，称为平面定轴轮系，如图 3-13 所示。包含相交轴齿轮或交错齿轮等在内的定轴轮系，称为空间定轴轮系，如图 3-14 所示。

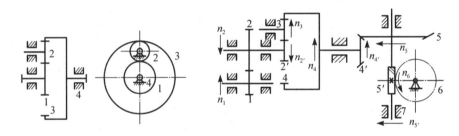

图 3-13　平面定轴轮系　　　　图 3-14　空间定轴轮系

（二）定轴轮系传动比计算

轮系中，首、末两轮的角速度（或转速）之比，称为轮系的传动比，常用"i"表示。如轮系中，首轮为 1，末轮为 K，其传动比的表达式为：

$$i_{1K} = \frac{n_1}{n_K}$$

讨论轮系传动比包含两个方面的内容，即：①计算传动比的大小；②确定首、末两轮的转向关系。

1. 一对齿轮传动比计算及转向确定

一对齿轮传动比的计算公式为：

$$i_{12} = \frac{n_1}{n_2} = \frac{z_2}{z_1}$$

式中：n_1、n_2——主动齿轮、从动齿轮的转速（r/min）；

z_1、z_2——主动齿轮、从动齿轮的齿数；

i_{12}——传动比。

两齿轮转向的确定方法有以下两种：

（1）正负号表示。两齿轮转向用正负号表示的规则是：外啮合一次，主、从动齿轮转向相反，取"一"号；内啮合一次，主、从动齿轮转向相同，取"十"号。故传动比表达式可进一步写成：

$$i_{12} = \frac{n_1}{n_2} = \pm \frac{z_2}{z_1}$$

圆柱齿轮传动，其轴线互相平行，其转向关系可用"十"或"一"表达。

（2）箭头表示。在转动图上，用箭头表示齿轮的转向，它是确定齿轮转向的通用方法，适用于任何定轴轮系齿轮传动，如图 3-15 所示。

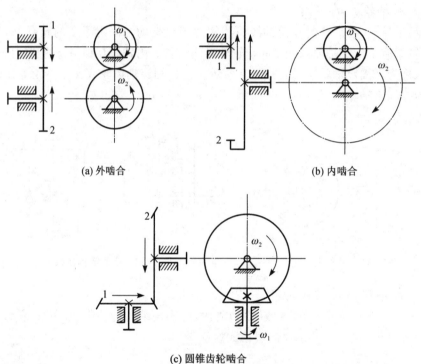

(a) 外啮合　　　　　　　　　　　　(b) 内啮合

(c) 圆锥齿轮啮合

图 3-15　定轴轮系转向的判断

箭头的画法：对于圆柱齿轮传动，外啮合箭头方向相反，内啮合箭头方向相同；对于圆锥齿轮传动，箭头相对或相离。

2. 平行轴定轴轮系的传动比计算及转向确定

图 3-16 所示为定轴轮系，由圆柱齿轮组成，所有齿轮的轴心线均互相平行。图中轮 1 为首轮，轮 5 为末轮，各轮齿数分别为 z_1、z_2、z_3、z_4、z_5，各轴转速分别为 n_1、n_2、n_3、n_4、n_5。则各级齿轮的传动比为：

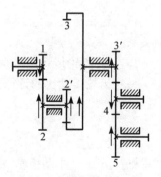

图 3-16　定轴轮系传动比

$$i_{12} = \frac{n_1}{n_2} = -\frac{z_2}{z_1}(外啮合)$$

$$i_{23} = \frac{n_2}{n_3} = +\frac{z_3}{z_2}(内啮合)$$

$$i_{34} = \frac{n_3}{n_4} = -\frac{z_4}{z_3}(外啮合)$$

$$i_{45} = \frac{n_4}{n_5} = -\frac{z_5}{z_4}(外啮合)$$

将上列各式两边分别连乘,得:

$$i_{12}i_{23}i_{34}i_{45} = \frac{n_1 n_2 n_3 n_4}{n_2 n_3 n_4 n_5} = \frac{n_1}{n_5} = \left(-\frac{z_2}{z_1}\right)\left(+\frac{z_3}{z_2'}\right)\left(-\frac{z_4}{z_3'}\right)\left(-\frac{z_5}{z_4}\right)$$

因此首末轮之间的传动比为:

$$i_{15} = \frac{n_1}{n_5} = (-1)^3 \frac{z_2 z_3 z_5}{z_1 z_2' z_3'}$$

上式表明:平行轴定轴轮系传动比,等于轮系中各级齿轮传动比的乘积,也等于轮系中各对啮合齿轮中所有从动轮齿数乘积与所有主动轮齿数乘积之比。设轮系的首轮为 G,末轮为 K,可得到平行轴定轴轮系传动比的一般表达式为:

$$i_{GK} = \frac{n_G}{n_K} = (-1)^m \frac{首轮与末轮之间所有从/动轮齿数的乘积}{首轮与末轮之间所有主/动轮齿数的乘积}$$

式中:m——外啮合齿轮的对数。

需要说明以下几点:

(1)传动比前的正负号,说明首、末轮的转向关系,由外啮合齿轮的对数 m 确定。i_{GK} 为正号,表明首、末轮转向相同;i_{GK} 为负号,则表明首、末轮转向相反。

(2)平行轴定轴轮系的转向关系,也可用箭头在传动图上逐对标出,见图 3-16。

(3)图 3-16 中的轮 4,既是齿轮 5 的主动轮,又是齿轮 3′ 的从动轮。它不影响轮系传动比的大小,但能改变轮系轮的转向,这种齿轮称为惰轮或过桥齿轮。

[**例 3-1**] 图 3-16 中,各齿轮齿数为 $z_1 = 18$,$z_2 = 24$,$z_2' = 20$,$z_3 = 60$,$z_3' = 20$,$z_4 = 20$,$z_5 = 34$。若首轮转速 $n_1 = 1\ 428$ r/min,求传动比 i_{15}、齿轮 5 的转速 n_5,确定齿轮 5 的转向。

解 $i_{15} = \frac{n_1}{n_5} = (-1)^3 \frac{z_2 z_3 z_5}{z_1 z_2' z_3'} = (-1)^3 \times \frac{24 \times 60 \times 34}{18 \times 20 \times 20} = -\frac{34}{5}$

$$n_5 = \frac{n_1}{i_{15}} = -\frac{1\ 428 \times 5}{34} = -210 \text{ r/min}$$

n_5 的结果为负值,说明齿轮 5 的转向与齿轮 1 相反,如图 3-16 所示。

3. 含有圆锥齿轮或蜗杆蜗轮的空间定轴轮系传动比计算及转向确定

当定轴轮系中含有圆锥齿轮、蜗杆蜗轮等传动时,其传动比的数值仍可用公式计算,但其转动方向不能用 $(-1)^m$ 来确定,只能用箭头在传动图上标出。

二、周转轮系

（一）周转轮系的特点

当轮系运转时，至少有一个齿轮的几何轴线是绕另一个齿轮的几何轴线转动的轮系，称为周转轮系，如图 3-17 所示。图中齿轮 2 既绕自身几何轴线 O_2 转动，又随回转构件 H 绕齿轮 1 的固定轴线 O_1 转动，既有自转又有公转，如同太阳系的行星一样，故称为行星轮。图示轮系中的齿轮 1 和齿轮 3 的几何轴线位置固定且重合，又和行星齿轮啮合，称为中心轮或太阳轮。支持行星的回转构件 H，称为行星架或系杆。行星架与太阳轮的几何轴线必须重合。行星轮、行星架、太阳轮是组成周转轮系的基本构件。

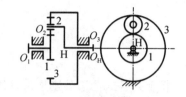

图 3-17 两个太阳轮的简单周转轮系

（二）周转轮系的种类

按自由度分，周转轮系有以下两大类：

1. 简单行星轮系

自由度为 1 的周转轮系，称为简单行星轮系，一般太阳轮固定不动，如图 3-17 所示。

2. 差动轮系

自由度为 2 的周转轮系，称为差动轮系，一般太阳轮能转动，如图 3-18 所示。

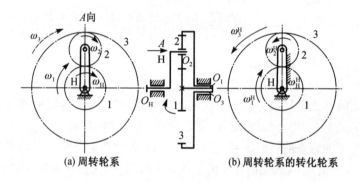

图 3-18 周转轮系及其转化轮系

（三）周转轮系传动比的计算

周转轮系中，行星轮的运动是由公转和自转组成的复合运动，而不是简单的定轴转动，所以周转轮系的传动比不能直接用定轴轮系的传动比公式进行计算。

根据相对运动原理，如果对图 3-18(a) 中的周转轮系整体上加一个与转臂大小相等、方向相反的公共转速 "$-n_H$"，则各构件间的相对运动并不改变，但转臂变成"静止不动"。这样，原来的周转轮系就转化为一个假想的定轴轮系，称为原周转轮系的转化轮系，如图 3-18(b) 所示。转化轮系中各构件的转速为相对于转臂的转速，记作 n_1^H、n_2^H、n_3^H 及 n_H^H。它们与周转轮系各构件之间的转速关系见表 3-1。

转化轮系可视为定轴轮系，因此可采用定轴轮系的传动比公式进行计算：

$$i_{13}^H = \frac{n_1^H}{n_3^H} = \frac{n_1 - n_H}{n_3 - n_H} = (-1)^m \frac{z_2 z_3}{z_1 z_2} = -\frac{z_3}{z_1}$$

表 3-1 周转轮系各构件转速表

构件	周转轮系中各构件转速	转化轮系中各构件转速
太阳轮 1	n_1	$n_1^H = n_1 - n_H$
行星轮 2	n_2	$n_2^H = n_2 - n_H$
太阳轮 3	n_3	$n_3^H = n_3 - n_H$
行星架 H	n_H	$n_H^H = n_H - n_H = 0$

将上式写成通用公式为：

$$i_{1K}^H = \frac{n_1 - n_H}{n_K - n_H} = (-1)^m \frac{\text{齿轮 1、K 之间所有从动轮齿数的乘积}}{\text{齿轮 1、K 之间所有主动轮齿数的乘积}}$$

式中：i_{1K}^H——转化轮系中始端主动轮 1 至末端从动轮 K 之间的传动比；

m——转化轮系中始端主动轮 1 至末端从动轮 K 之间的外啮合齿轮对数。

应用上式时应注意以下几点：

(1) $i_{1K}^H \neq i_{1K}$。i_{1K}^H 是转化轮系中的传动比，i_{1K} 是原周转轮系中的传动比。

(2) 将转速 n_1、n_K、n_H 的已知值代入公式时，必须带正负号。先假定其中一已知值转向为正号，则其他已知值的转向与其相同时取正号，与其相反时取负号。

[**例 3-2**] 图 3-17 所示的周转轮系中，各齿轮齿数为 $z_1 = 27$，$z_2 = 17$，$z_3 = 61$，齿轮 1 的转速 $n_1 = 1\ 000$ r/min，转向为顺时针。求传动比 i_{1H}、行星架 H 的转速 n_H、行星轮 2 的转速 n_2 及它们的转向。

解 (1) 分析轮系。由图 3-17 可知，齿轮 2 是行星轮，与其啮合的齿轮 1 和齿轮 3 的轴心线与行星架 H 的轴心线重合，是太阳轮，齿轮 3 与机架固定，故 $n_3 = 0$。

(2) 求行星架 H 的转速 n_H。设顺时针转向即 n_1 的转向为正向，则：

$$i_{13}^H = \frac{n_1 - n_H}{n_3 - n_H} = (-1)^1 \frac{z_3}{z_1}$$

将 $z_1 = 27$，$z_3 = 61$，$n_1 = 1\ 000$ r/min，$n_3 = 0$ 代入上式，得：

$$\frac{n_1 - n_H}{n_3 - n_H} = \frac{1\ 000 - n_H}{0 - n_H} = -\frac{61}{27}$$
$$n_H = 306.8 \text{ r/min}$$

解得 n_H 的结果为正值，说明其转向与 n_1 相同，为顺时针转动。

(3) 求传动比 i_{1H}。

$$i_{1H} = \frac{n_1}{n_H} = \frac{1\ 000}{306.8} = 3.26$$

(4) 求行星轮 2 的转速 n_2。

$$i_{12}^H = \frac{n_1 - n_H}{n_2 - n_H} = (-1)^1 \frac{z_2}{z_1}$$

将 $z_1 = 27$，$z_2 = 17$，$n_1 = 1\ 000$ r/min，$n_H = 306.8$ r/min 代入上式，得：

$$i_{12}^{H} = \frac{n_1 - n_H}{n_2 - n_H} = \frac{1\,000 - 306.8}{n_2 - 306.8} = -\frac{17}{27}$$

$n_2 = -792.6$ r/min（负值表明其转向与齿轮 1 相反，为逆时针转动）

[例3-3] 图 3-19 所示为一个大传动比的周转轮系，已知其各齿轮齿数为 $z_1 = 100$，$z_2 = 101$，$z_2' = 100$，$z_3 = 99$。求原动件 H 对从动件 1 的传动比 i_{H1}。

解 （1）分析轮系。由图 3-19 可知双联齿轮 2—2′ 为行星轮，齿轮 3 和 1 是太阳轮，H 为行星架，它们组成一周转轮系。由图 3-19 可知 $n_3 = 0$。

（2）求原动件 H 对从动件 1 的传动比 i_{H1}。

由式：$i_{13}^{H} = \dfrac{n_1 - n_H}{n_3 - n_H} = (-1)^2 \dfrac{z_2 z_3}{z_1 z_2'}$

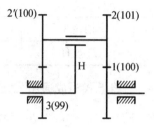

图 3-19　周转轮系

将已知数据代入上式，得：

$$i_{13}^{H} = \frac{n_1 - n_H}{n_3 - n_H} = \frac{n_1 - n_H}{0 - n_H} = 1 - \frac{n_1}{n_H} = (-1)^2 \frac{z_2 z_3}{z_1 z_2'}$$

$$\frac{n_1}{n_H} = 1 - (-1)^2 \frac{z_2 z_3}{z_1 z_2'} = 1 - \frac{101 \times 99}{100 \times 100} = \frac{1}{10\,000}$$

所以，原动件 H 对从动件 1 的传动比为：

$$i_{H1} = \frac{n_H}{n_1} = 10\,000$$

本例说明周转轮系可以用少量的齿轮得到很大的传动比，比定轴轮系紧凑得多；但传动比很大时，效率很低，而且反行程（构件 1 做主动时）将发生自锁。这种周转轮系可用来测量高速转动或作为精密的微调机构。

上例中，若 $z_1 = 99$，其他齿轮的齿数不变，则：

$$\frac{n_1}{n_H} = 1 - (-1)^2 \frac{z_2 z_3}{z_1 z_2'} = 1 - \frac{101 \times 99}{99 \times 100} = -\frac{1}{100}$$

即：

$$i_{H1} = \frac{n_H}{n_1} = -100$$

结果表明，由于周转轮系中某一齿轮齿数减少一个齿，其传动比的值、符号均可能明显改变，所以不能直观地用观察法来确定各构件的实际转速大小与方向。

三、混合轮系

（一）混合轮系的特点

实际机械中采用的轮系，往往不是单一的定轴轮系或单一的周转轮系，而是既含有定轴轮系，又含有周转轮系。这种由两种轮系复合组成的轮系称为混合轮系，如图 3-20 所示。组成混合轮系的定轴轮系与各个单一的周转轮系，又称为基本轮系。

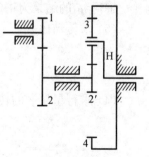

图 3-20　混合轮系

（二）混合轮系传动比的计算

1. 混合轮系传动比的计算步骤

（1）区分出混合轮系中的单一周转轮系和定轴轮系。

（2）分别列出单一周转轮系和定轴轮系的传动比计算式，代入已知值。

（3）联合解出所求的传动比或构件的转速。

2. 划分单一周转轮系的方法

（1）首先找出行星轮。

（2）找出支承行星轮运动的构件，即为行星架。应当注意行星架的形状不一定是简单的杆状。

（3）找出与此行星轮相啮合的太阳轮。由行星轮、行星架、太阳轮和机架组成的轮系，就是一个单一周转轮系。

（4）在混合轮系中划分出若干个周转轮系，剩下的部分则为定轴轮系。

[**例 3-4**]　图 3-20 的混合轮系中，已知 $z_1 = 20$，$z_2 = 40$，$z_2' = 20$，$z_3 = 30$，$z_4 = 80$。求传动比 i_{1H}。

解　（1）分析轮系组成。周转轮系由行星轮 3、太阳轮 2' 和 4、行星架 H 组成。定轴轮系由齿轮 1、2 组成，齿轮 2 与 2' 同轴。

（2）计算传动比。

定轴轮系的传动比 $i_{12} = \dfrac{n_1}{n_2} = -\dfrac{z_2}{z_1}$ ①

周转轮系的传动比 $i_{2'4}^{H} = \dfrac{n_{2'} - n_H}{n_4 - n_H} = (-1)^1 \dfrac{z_4}{z_{2'}}$ ②

将已知各轮齿数及 $n_4 = 0$，$n_2 = n_{2'}$ 等代入式①、②得：

$$i_{12} = \frac{n_1}{n_2} = -\frac{40}{20}$$ ③

则

$$n_2 = -0.5 n_1$$

$$i_{2'4}^{H} = \frac{n_{2'} - n_H}{0 - n_H} = -\frac{80}{20}$$ ④

由式③和式④的结果，得：

$$\frac{-0.5 n_1 - n_H}{0 - n_H} = -4$$

则传动比 $i_{1H} = \dfrac{n_1}{n_H} = -10$（负值表明它们的转向相反）

四、纺织设备上的机械传动

机械传动在纺织设备上的应用非常广泛，有多种形式，包含本章所涉及的皮带、链条、齿轮及轮系。本节以典型的纺纱设备梳棉机为例，讲述机械传动在纺织设备上的应用。图 3-21 为 FA201 型梳棉机的传动图，其传动系统如下：

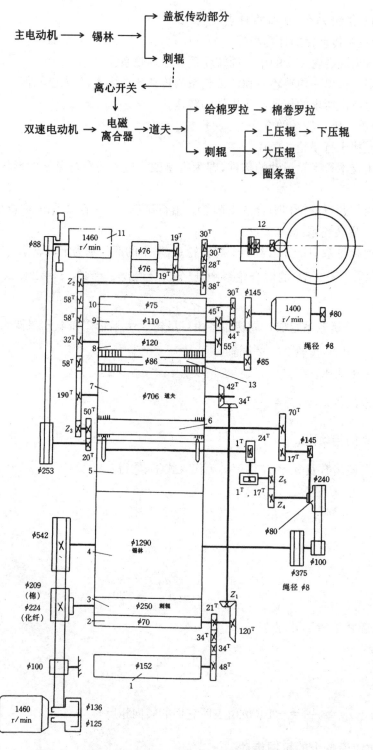

图 3-21 FA201 型梳棉机的传动图

根据传动图,可以进行梳棉机的速度、牵伸及产量计算,为梳棉工艺制订提供重要的工艺参数。

（一）速度计算（三角带和平带的传动滑动率均取 0.02，即传动效率为 98%）

1. 锡林转速 n_c

$$n_c(\text{r/min}) = n_1 \times \frac{D}{542} \times 98\% = 1\,460 \times \frac{D}{542} \times 98\% = 2.64D$$

式中：n_1——主电动机的转速（r/min）；

D——主电动机皮带轮直径（mm）。

纺棉时选取 $D=136$ mm，锡林转速约为 360 r/min；纺化纤时选取 $D=125$ mm，锡林转速约为 330 r/min。

2. 刺辊转速 n_t

$$n_t(\text{r/min}) = n_1 \times \frac{D}{D_t} \times 98\% = 1\,460 \times \frac{D}{D_t} \times 98\%$$

式中：D_t——刺辊皮带轮直径（mm）。

纺棉时选用 $D_t=209$ mm，刺辊转速约为 930 r/min；纺化纤时选用 $D_t=224$ mm，刺辊转速约为 800 r/min。

3. 盖板速度 v_f

$$v_f = n_c(\text{mm/min}) \times \frac{100}{240} \times \frac{z_4}{z_5} \times \frac{1}{17} \times \frac{1}{24} \times 14 \times 36.6 \times 98\% = 0.511\,42 \times n_c \times \frac{z_4}{z_5}$$

式中：z_4，z_5——盖板速度变换齿轮的齿数，$\frac{z_4}{z_5}$ 有 18/42、21/39、26/34、30/30、34/26、39/21 几种。

4. 道夫转速 n_d

$$n_d(\text{r/min}) = n_2 \times \frac{88}{253} \times \frac{20}{50} \times \frac{z_3}{190} \times 98\% = 1.048 \times z_3$$

式中：n_2——双速电动机的转速（r/min）（正常生产时，n_2 为 1 460 r/min）；

z_3——道夫速度变换齿轮的齿数，其范围为 18~34。

5. 小压辊出条速度 v

$$v(\text{m/min}) = 60\pi \times 1\,460 \times \frac{88}{253} \times \frac{20}{50} \times \frac{88}{253} \times \frac{z_3}{z_2} \times \frac{38}{30} \times \frac{95}{66} \times \frac{1}{1\,000} \times 98\%$$

$$= 68.4 \times \frac{z_3}{z_2}$$

式中：z_2——棉网张力牵伸变换齿轮（简称张力牙）的齿数，有 19、20、21 三种。

（二）牵伸计算

1. 部分牵伸倍数

（1）给棉罗拉～棉卷罗拉。

$$e_1 = \frac{48}{21} \times \frac{70}{152} = 1.053$$

(2) 刺辊～给棉罗拉。

$$e_2 = \frac{n_t}{n_d \times \frac{42}{34} \times \frac{z_1}{120}} \times \frac{250}{70} = 346.94 \times \frac{n_t}{n_d z_1}$$

式中：z_1——牵伸变换齿轮（也称轻重牙）的齿数，其齿数范围为 13～21。

(3) 锡林～刺辊。

$$e_3 = \frac{n_c}{n_t} \times \frac{1\,290}{250} = 0.009\,52 \times D_t$$

(4) 道夫～锡林。

$$e_4 = \frac{n_d}{n_c} \times \frac{706}{1\,290} = 0.547 \times \frac{n_d}{n_c}$$

(5) 剥棉罗拉～道夫。

$$e_5 = \frac{190}{32} \times \frac{120}{706} = 1.009$$

(6) 下轧辊～剥棉罗拉。

$$e_6 = \frac{55}{45} \times \frac{110}{120} = 1.12$$

(7) 大压辊～下轧辊。

$$e_7 = \frac{45}{55} \times \frac{32}{z_2} \times \frac{38}{28} \times \frac{76}{110} = \frac{24.55}{z_2}$$

(8) 小压辊～大压辊。

$$e_8 = \frac{28}{30} \times \frac{95}{66} \times \frac{60}{76} = 1.061$$

2. 总牵伸倍数

梳棉机的总牵伸倍数是指小压辊与棉卷罗拉之间的牵伸倍数。

$$E = \frac{48}{21} \times \frac{120}{z_1} \times \frac{34}{42} \times \frac{190}{z_2} \times \frac{38}{30} \times \frac{95}{66} \times \frac{60}{152} = \frac{30362.4}{z_2 \times z_1}$$

式中：z_1——牵伸变换齿轮（也称轻重牙）齿数，齿数范围为 13～21。

z_2——棉网张力牵伸变换齿轮（简称张力牙）齿数，有 19、20、21 三种。

3. 实际牵伸倍数

按输出与喂入机件的表面线速度之比求得的牵伸倍数称为机械牵伸倍数（也称为理论牵伸倍数）；按喂入半制品定量与输出半制品定量之比求得的牵伸倍数称为实际牵伸倍数。因为梳棉机有一定的落棉，所以实际牵伸倍数大于机械牵伸倍数。两者的关系式如下：

$$实际牵伸倍数 = \frac{机械牵伸倍数}{1 - 落棉率}$$

（三）产量计算

梳棉机的理论产量取决于生条的定量和小压辊的速度。在 FA201 型梳棉机上,可通过改变道夫变换齿轮的齿数 z_3 来调整道夫的速度,从而达到调整梳棉机理论产量的目的。

1. 理论产量

$$G = n_d \times 60 \times \frac{190}{z_2} \times \frac{38}{30} \times \frac{95}{66} \times \frac{60\pi}{1\,000} \times \frac{g}{5 \times 1\,000} = 0.784 \times \frac{g \times n_d}{z_2}$$

式中:$G_{理}$——理论产量[kg/(台·h)];

$\quad n_d$——道夫速度(r/min);

$\quad g$——生条定量(g/5 m)。

2. 定额产量

$$G_{定} = G_{理} \times 时间效率$$

时间效率为实际运转时间与理论运转时间的比值的百分率。

思考与练习

3-1 带传动有哪些特点?适用于哪些场合?

3-2 同步带传动有什么特点?

3-3 弹性滑动是如何产生的?它对带传动有何影响?弹性滑动与打滑有何区别?

3-4 在 V 形带传动中,已知带轮 $D_1 = 200$ mm,带轮 $D_2 = 600$ mm。试计算其传动比 i_{12}。

3-5 什么是模数?它的物理意义是什么?单位是什么?

3-6 已知一对外啮合标准直齿圆柱齿轮 $m = 3$ mm,$z_1 = 19$,$z_2 = 41$。试计算这对齿轮的分度圆直径、齿顶圆直径、齿根圆直径、齿距。

3-7 惰轮在轮系中起什么作用?

3-8 若 i_{1K} 为正,是否说明轮 1 与轮 K 的转向相同?

3-9 试判断并画出题 3-9 图中各轮的转向。

3-10 试计算题 3-10 图所示 A513 型细纱机成形凸轮的传动中,73^T 至成形凸轮之间的传动比。

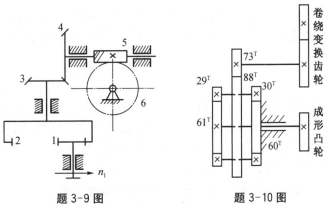

题 3-9 图　　　　　　题 3-10 图

第四章　用电常识

第一节　电能的产生

一、直流发电机

图 4-1 所示为一台最简单的直流发电机模型。上、下是两个固定的磁铁,上面是 N 极,下面是 S 极。两极之间是一个转动的圆柱体铁心,称为电枢。磁铁与电枢铁心之间的缝隙称为空气隙。电枢表面槽中安放着 *ab* 和 *cd* 两个导体,由 *ab* 和 *cd* 两导体连成的线圈称为电枢绕组。线圈两端分别连到两个相互绝缘的半圆形铜换向片上,由换向片构成的圆柱体称为换向器,它随电枢铁心旋转。在换向器上压紧两个电刷 *A* 和 *B*,电刷固定不动。电刷和换向器的作用是不仅能把转动的转子电路与不转的外电路联接起来,而且能把电枢绕组中的交流电整流成直流电。因此,也称它们为整流器或整流子。

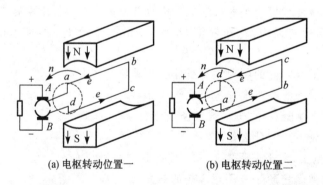

(a) 电枢转动位置一　　　　(b) 电枢转动位置二

图 4-1　直流发电机模型

直流发电机把机械能转换成直流电能,当原动机拖动发电机旋转,转子导体 *ab*、*cd* 切割磁场,根据电磁感应定律可知,导体中有感应电动势产生,在外接闭合的回路中就会产生感应电流,把原动机的机械能转化为电能。这就是直流发电机的基本工作原理。

二、交流发电机

交流发动机的工作原理与直流发电机实际上是相同的,所不同之处在于引出电流的方式。交流发电机使用两个圆形集电环(图 4-2),而直流发电机使用两个半圆形集电环。由于线圈转动,由电刷传出的感应电流,每转半圈,方向就变换一次,用电器上的电流电压随电枢转动呈正弦规律变化。像这种方向交替变换的电流,称为交流电。图 4-3 所示为正弦交流电压 $u(t)$ 随时间 t 变化的关系图。一般民用单相交流电即属正弦交流电。

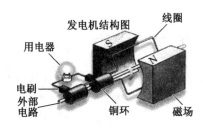
图 4-2 交流发电机模型

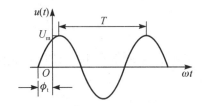
图 4-3 正弦交流电

为了使发电机发出很高的电压和很强的电流,大型发电机的线圈的匝数很多,导线也很粗。要使巨大的线圈高速旋转,需要解决的技术问题比较复杂,因此大型发电机采用线圈不动而磁场旋转的方式,即采用旋转磁极式发电机。

三、三相发电机

图 4-4 所示的发电机的固定部分称为定子,定子铁心的内圆表面有槽,可以放置电枢绕组。三个尺寸和匝数相同的绕组分别用 AX、BY、CZ 表示,称为三相绕组。A、B、C 称为绕组的始端,X、Y、Z 称为末端。三个绕组安放在定子铁心槽内,且使 A 边与 B 边、C 边彼此相隔 120°,即三相绕组在空间位置上互差 120°。图 4-5 为三相发电机产生的电压波形图。

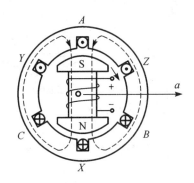
图 4-4 三相发电机模型

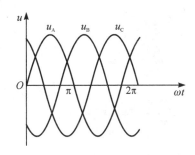
图 4-5 三相正弦交流电

把其他形式的能量转换成电能的过程,叫作发电。担任发电任务的工厂称为发电厂。按所用能源不同,发电厂可分为火力发电厂、水力发电厂、核动力发电厂、风力发电厂、潮汐发电厂和地热发电厂等。我国电力的生产主要来源于火力发电和水力发电。

火力发电通常以煤或油为燃料,使锅炉产生蒸汽,以高压(9.8 MPa 以上)、高温(500 ℃以上)蒸汽驱动汽轮机,由汽轮机带动发电机而发电。

水力发电利用自然水资源作为动力,通过水库或筑坝截流的方法提高水位,利用水流的位能驱动水轮机,从而带动发电机发电。

核动力发电是由核燃料在反应堆中的裂变反应所产生的热能,来产生高压、高温蒸汽,驱动汽轮机,带动发电机发电。目前,世界上由发电厂提供的电力,绝大多数是交流电。

第二节　电能的传输

由于电能不能大量储存,电能的生产、传输、分配和使用必须在同一时间内完成。这就需要将发电厂、输配电线路和用电设备有机地连成一个"整体"。将这个由发电、输电、变电、配电和用电五个环节组成的"整体"称为电力系统,如图4-6所示。其中输电、变电、配电环节构成"电力网"。

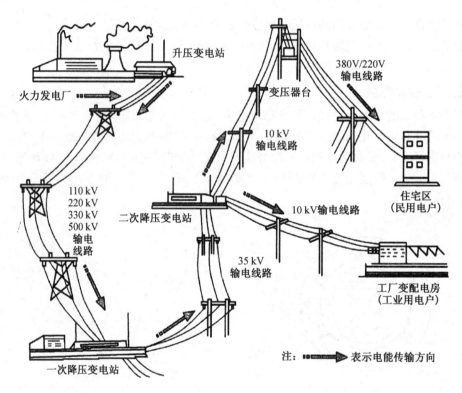

图4-6　电力系统示意图

为了电能传输安全和节约,通常把大发电厂建在远离城市中心的能源产地附近。例如,水力发电厂建在远离城市的江河上。因此,发电厂发出的电能需要经过一定距离的输送,才能分配给各用户。由于发电机的绝缘强度和运行安全等因素,发电机发出的电压不能很高,一般为15 kV、6.3 kV、10.5 kV、15.75 kV等。为了减少电能在数十、数百公里输电线路上的损失,还必须经过升压变压器,升高到35~500 kV后再进行远距离输电。目前,我国常用的输电电压等级有35 kV、110 kV、220 kV、330 kV、500 kV等。输电电压的高低,要根据输电距离和输电容量而定。其原则是:容量越大,距离越远,输电电压就越高。我国已采用高压直流输电方式,把交流电转化成直流电后再进行输送。电力输电线路一般采用钢芯铝绞线,通过架空线路,把电能送到远方变电所,如图4-6所示。但在跨越江河、通过闹市区,以及不允许采用架空线路的区域,则需采用电缆线路。电缆线路的投资较大且维护困难。

变电所有升压与降压之分。升压变电所通常与大型发电厂结合在一起,在发电厂电气部分装有升压变压器,把发电厂发出的电压升高,通过高压输电网络,将电能送向远方。降压变电所设在用电中心,将高压的电能适当降压后,向该地区用户供电。根据供电的范围不同,降压变电所可分为一次(枢纽)变电所和二次变电所。一次变电所是从 110 kV 以上的输电网受电,将电压降到 35～110 kV,供给一个大的区域用电。二次变电所大多数从 35～110 kV 的输电网受电,将电压降到 6～10 kV,向较小范围供电。

第三节 配　　电

配电就是电力的分配。从配电变电站到用户终端的线路,称为配电线路。配电线路的电压,简称配电电压。电力系统电压高低的划分有不同的方法,通常以 1 kV 为界限进行划分。额定电压在 1 kV 及以下的系统为低压系统;额定电压在 1 kV 以上的系统为高压系统。常用的高压配电线的额定电压有 3 kV、6 kV 和 10 kV 三种。常用的低压配电线的额定电压为 380 V/220 V。配电一般通过配电变电站内的配电柜进行,如图 4-7所示。

图 4-7　配电柜

第四节　电力系统的用户

电力系统中的所有用电部门,均为电力系统的用户。根据用户的重要程度(主要指中断供电在经济和政治上的影响)和对供电的可靠性要求,用电负荷可分为三个级别,各级别的负荷分别采用相应的方式供电。

(1)一级负荷。此级负荷一旦中断供电,将造成人身伤亡、重大政治影响、重大经济损失或公共场所秩序严重混乱。一级负荷必须有两个或两个以上独立电源供电。当其中一个电源发生故障时,另一个电源应能自动投入运行,同时还必须增设应急电源。

(2)二级负荷。此级负荷若中断供电,将造成较大的经济损失,如大量产品报废、公共场所秩序混乱等。二级负荷尽可能有两个独立的电源供电。

(3)三级负荷。除一、二级负荷者外的其他负荷,均属三级负荷。三级负荷对供电没有什么特别要求。根据用户用电容量的大小和规模,用户可以接在电力网的各个电压等级。目前,我国对大多数企业的供电电压为 10 kV 或 35 kV, 110 kV 和 220 kV 受电的用户不多;对居民的生活用电,则多采用 380 V/220 V 系统供电。

第五节　电　　源

电源即指供给电能之源,它是将其他形式的能量转换为电能的装置,如电池、发电机等;也有的是把某种形式的电能转换成另一种形式的电能的装置,如整流电源、高频电源等。最常见的电源形式是稳恒直流电源、单相正弦交流电源和三相正弦交流电源。

一、稳恒直流电源

稳恒直流电源有稳恒电压源和稳恒电流源两种。

稳恒电压源是以供应电压为主要目的的电源。若电压源的端电压不随负载电流的大小而变化时,则称为理想电压源,或简称恒压源。理想电压源的符号如图 4-8 所示,(b)反映了理想电压源的伏安特性。

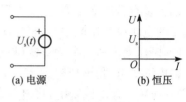

(a) 电源   (b) 恒压

图 4-8 恒压源

稳恒直流电源的电流与电压都有稳定的值,可以直接使用直流电流表和电压表进行测量。稳恒电流源是以供应电流为主要目的的电源。若电流源输出的电流不受外电路的影响,也就是电流不随负载变化,则称为理想电流源,或简称恒流源。图 4-9 所示为理想电流源的符号,(b)反映了理想电流源的伏安特性。

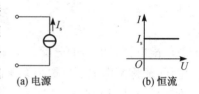

(a) 电源   (b) 恒流

图 4-9 恒流源

二、单相正弦交流电源

交流发电机产生的电动势大多是正弦交流电。正弦交流电很容易用变压器改变电压,便于输送和使用,因此在生产和日常生活中应用最为广泛。

正弦交流电是指大小和方向都随时间按正弦规律周期变化的电流、电压、电动势的总称,因此,正弦交流电的电流、电压或电动势都可用一个随时间变化的函数表示。这个函数有时又被称为正弦交流电的瞬时表达式。例如一个正弦交流电压可表示为:

$$u(t) = U_{\mathrm{M}}\sin(\omega t + \phi_0)$$

它的波形可用图 4-10 表示。

正弦交流电源的电流、电压随时间做周期性变化,没有一个瞬时的稳定值,直接度量比较麻烦,同时,一般性的应用场合意义也不大。由数学知识可知,一个正弦量的特征可由它的频率(或周期)、幅值和初相位表示。这三个量称为正弦函数的三要素。一个正弦交流电也可以由这三个要素惟一确定。

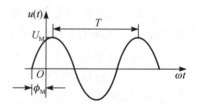

图 4-10 单相正弦交流电波形

(一) 周期和频率

正弦量的每个值在经过一定的时间后会重复出现(图 4-10)。再次重复出现所需的最短时间间隔,称为周期,用 T 表示,单位为"秒"(s)。每秒钟内重复出现的次数,称为频率,用 f 表示,单位是"赫兹"(Hz)。显然:

$$f = \frac{1}{T}$$

正弦量的变化快慢还可以用角频率 ω 表示。正弦量在一个周期内所变化的角度为 2π 弧度,因此:

$$\omega = \frac{2\pi}{T} = 2\pi f$$

它的单位为"弧度/秒"(rad/s)。例如:我国电力标准频率是 50 Hz,习惯上称为工频,它的周期和角频率分别为 0.02 s 和 314 rad/s。

（二）幅值与有效值

正弦量在任一瞬间的值称为瞬时值，用小写字母表示，如 u 和 i 分别表示电压和电流的瞬时值。瞬时值中最大的值，称为幅值或最大值（图 4-10），用带下标"M"的大写字母表示，如 U_M、I_M 分别表示电压、电流的幅值。交流电的幅值不适宜用来表示交流电的做功效果，常用有效值来表示交流电的大小。交流电的有效值是根据交流电的热效应规定的，让交流电与直流电同时分别通过同样阻值的电阻，如果它们在同样的时间内产生的热量相等，即：

$$\int_0^T i^2 R \mathrm{d}t = I^2 RT$$

那么，这个交流电流的有效值在数值上等于这个直流电流的大小。

正弦交流电：$i = I_M \sin \omega t$

由上式可得交流电流 i 的有效值为：

$$I = \frac{I_M}{\sqrt{2}}$$

同理，正弦电压的有效值为：

$$U = \frac{U_M}{\sqrt{2}}$$

习惯规定，有效值用大写字母表示。通常所讲的正弦电压或电流都是指有效值。例如，交流电压 220 V，其最大值为 $\sqrt{2} \times 220$ V = 311 V。交流电流电压的测量应使用交流电表，通常使用的交流电表也是以有效值作为刻度的。

（三）相位

不同的相位对应不同的瞬时值，因此相位反映正弦量的变化进程。在正弦电路中，经常遇到同频率的正弦量，它们只在幅值及初相上有所区别，如图 4-11 所示。

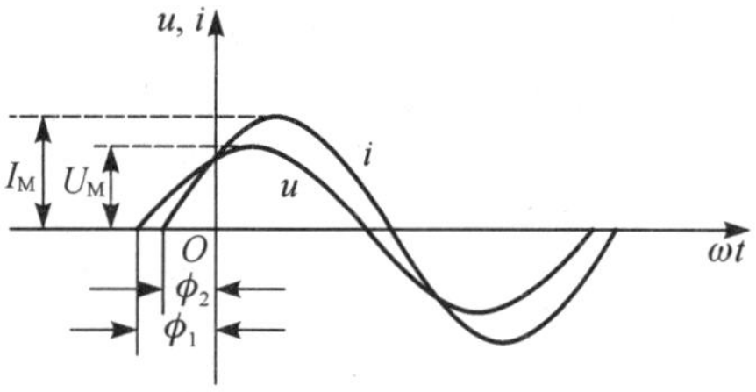

这两个频率相同，幅值和初相不同的正弦电压和电流，分别表示为：

图 4-11 正弦交流电相位示意图

$$i(t) = I_M \sin(\omega t + \phi_i)$$
$$u(t) = U_M \sin(\omega t + \phi_u)$$

初相不同，表示它们随时间变化的步调不一致。例如，它们不能同时达到各自的最大值或零。图中 $\phi_u > \phi_i$，电压比电流先达到正的最大值，称电压比电流超前（$\phi_u - \phi_i$）角，或称电流比电压滞后（$\phi_u - \phi_i$）角。两个同频率的正弦量的相位角之差称为相位差，用 Ψ 表示，即：

$$\Psi = \phi_u - \phi_i$$

两个同频率的正弦量之间的相位差等于它们的初相角之差,与时间 t 无关,在任何瞬间都是一个常数。

三、三相正弦交流电源

(一)三相四线制供电

三相交流发电机产生的三个单相电动势幅值和频率相同,彼此间相位差为 120°。这样,三个单相交流电的组合称为对称三相交流电。典型的三相交流电源是三相四线制的供电方式。把电源绕组的三个末端 X、Y、Z 连在一起,由三相绕组始端 A、B、C 向外引出三条输出线,这种联接方式称为星形联接,如图4-12所示。三相绕组的末端联接点称为电源的中性点,电路图上用 N 标示。从中性点引出的导线称为中性线(或零线),简称中线。由三个始端 A、B、C 向外引出的三条输电线称为相线,俗称火线,电路图上常用 L_1、L_2、L_3 标示。这种具有中线的三相供电线路,称为三相四线制。

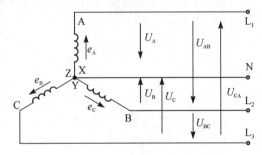

图 4-12 三相四线制供电示意图

图 4-12 中,三条相线与中线间的电压称为相电压,有效值用 U_A、U_B、U_C 表示。当三个相电压对称时,可用 U_P 表示。任意两根相线之间的电压称为线电压,有效值用 U_{AB}、U_{BC}、U_{CA} 表示,对称的线电压可用 U_l 表示。

理论与实践表明:

$$U_l = \sqrt{3} U_P$$

(二)单相电与三相电

日常在三相四线制供电系统中,任一相线 L 与中性线 N 组合,即构成常用的单相电。为保证三相用电均衡,通常把单相用户分为大至相等的三组,分别接到三组单相电源上。在这种情况下,特别注意:供电系的中性线保证接触良好。否则,由于三相用电的不均衡,会导致三相电压的不稳定,严重时会影响到电器的安全。

第六节 电 路 元 件

实际电路由各种作用不同的电路元件或器件所组成。实际电路元件种类繁多,且电磁性质较为复杂。如白炽灯,它除了具有消耗电能的性质外,当电流通过时,还具有电感性。为便于对实际电路进行分析和数学描述,需将实际电路元件用能够代表其主要电磁特性的理想元件或它们的组合表示,称为实际电路元件的模型反映。具有单一电磁性质的元件模型称为理想元件,包括电阻、电感、电容、电源等。由理想元件所组成的电路称为实际电路的电路模型,简称电路。将实际电路模型化是研究电路问题的常用方法。生产中常见的实际电力负载,大多可以简化成电阻、电感、电容或它们的组合来分析。

第七节 直 流 电 路

一、电阻及其伏安特性

电阻元件是耗能的理想元件,如电炉、白炽灯等。用来描述电阻元件特性的基本参数称为电阻 R。

欧姆定律反映了电路中电流、电压及电阻间的依存关系。实验证明,电阻两端的电压与通过它的电流成正比,这就是欧姆定律。可用公式表示为:

$$U = IR$$

除了上述表达式外,电阻元件的电压、电流关系还可以用图形表示。在直角坐标系中,如果以电压为横坐标,电流为纵坐标,可画出电阻的 U-I 关系曲线。这条曲线被称为电阻元件的伏安特性曲线,如图 4-13 所示。

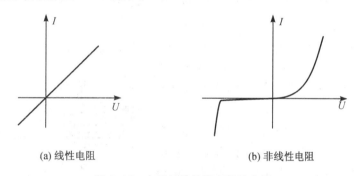

(a) 线性电阻   (b) 非线性电阻

图 4-13　电阻元件的伏安特性曲线

电阻元件的伏安特性曲线是直线时[图 4-13(a)],此电阻元件称为线性电阻,即此电阻元件的电阻值可以认为是不变的常数,直线的斜率的倒数表示该电阻元件的阻值。如果伏安特性曲线不是直线,则此电阻元件称为非线性电阻(如半导体二极管),如图 4-13(b)所示。通常所说的电阻都是指线性电阻。

理论与实践表明,在稳恒电路中,电阻的伏安特性为:

$$U = IR$$

消耗的功率为:

$$P = UI = I^2R = \frac{U^2}{R}$$

简单的纯电阻电路分析,可应用欧姆定律、串/并联电路性质进行。

二、电感

电感元件是一种能够储存磁场能量的元件,是实际电感器的理想化模型。电感器是用绝缘导线在绝缘骨架上绕制而成的线圈,所以也称为电感线圈。

根据法拉第电磁感应定律,电感两端的电压为:

$$u_L = L \frac{\mathrm{d}i_L}{\mathrm{d}t}$$

上式中，L 称为自感系数，又称电感量，简称电感。在国际单位制中，电感 L 的单位为"亨利"（H）。当电感是常数时，称为线性电感。电感的图形符号如图 4-14 所示。

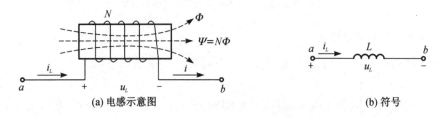

(a) 电感示意图   (b) 符号

图 4-14 电感图形符号

从上式可以看出，在任何时刻，线性电感元件的电压与该时刻电流的变化率成正比。当电流不随时间变化时（稳恒电流），即电感电压为零，这时电感元件相当于短接。但当电感元件中存在电流时，就会产生磁场，电能以磁场能的形式储存在电感元件中，当电流增大时，储能增加，电感元件吸收能量；当电流减小时，储能减少，电感元件释放能量。

三、电容

两块金属导体中间以绝缘材料相隔，并引出两个极，就形成平行板电容器，如图 4-15（a）所示。图中的金属板称为极板，两极板之间的绝缘材料称为介质。图 4-15（b）为电容器的一般表示符号。

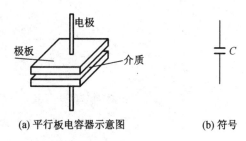

(a) 平行板电容器示意图   (b) 符号

图 4-15 电容图形符号

如果将电容器的两个极板分别接到直流电源的正、负极上，则两极板上分别聚集起等量异种电荷，与电源正极相连的极板带正电荷，与电源负极相连的极板带负电荷，这样极板之间便产生电场。实践证明，对于同一个电容器，加在两极板上的电压越高，极板上储存的电荷越多。

电容器任一极板上的带电荷量与两极板之间的电压的比值是一个常数，这一比值称为电容量，简称电容，用 C 表示。其表达式为：

$$C = \frac{q}{u_C}$$

在国际单位制中，电荷量的单位是"库（仑）"（C），电压的单位是"伏特"（V）。

电容量的单位是"法拉"（F）。在实际使用中，一般电容器的电容量都较小，故常用较小的单位，如微法（μF）和皮法（pF）。

根据电容的定义：$q = Cu_C$

有：$\mathrm{d}q = C\mathrm{d}u_C$

$$\frac{\mathrm{d}q}{\mathrm{d}t} = C\frac{\mathrm{d}u_C}{\mathrm{d}t}$$

即：

$$i_C = C\frac{\mathrm{d}u_C}{\mathrm{d}t}$$

从上式可以看出，电流与电容两端电压的变化率成正比。当电压为直流时，电流为零，电容相当于开路。电容元件也是一种能够储存电场能量的元件,电压增高时,储能增加,电容元件吸收能量;当电压降低时,储能减少,电容元件释放能量。

第八节 单相正弦交流电路

一、电阻

设通过电阻的正弦交流电流为:

$$i = I_\mathrm{M}\sin(\omega t + \phi_i) = \sqrt{2}I_R\sin(\omega t + \phi_i)$$

根据关系式:$u = iR$

$$u_R = \sqrt{2}RI_R\sin(\omega t + \phi_i) = \sqrt{2}U_R\sin(\omega t + \phi_u)$$

比较等式两端,有:

$$U_U = RI_R,\ \phi_u = \phi_i$$

因此,在单相正弦交流电源纯电阻电路中,欧姆定律 $U = IR$ 和电阻的消耗功率 $P = UI = I^2R = \dfrac{U^2}{R}$ 仍然成立,只不过这里 U、I 为正弦交流电压、电流的有效值。

电阻元件上电压 u_R 和电流 i_R 的波形图如图 4-16 所示。从波形图中可看出纯电阻电路中电压和电流同相。

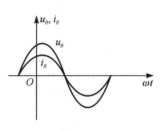

图 4-16 电阻元件上电压和电流波形图

二、电感

设通过电感的正弦交流电流为:

$$i = I_\mathrm{M}\sin(\omega t + \phi_i) = \sqrt{2}I\sin(\omega t + \phi_i)$$

根据关系式 $u_L = L\dfrac{\mathrm{d}i_L}{\mathrm{d}t}$,得:

$$u_L = \sqrt{2}\omega LI_L\cos(\omega t + \phi_i) = \sqrt{2}\omega LI_L\sin(\omega t + \phi_i + \pi/2) = \sqrt{2}U_L\sin(\omega t + \phi_u)$$

比较等式两端,有:

$$U_L = \omega LI_L = X_LI_L;\ \phi_u = \phi_i + \pi/2$$

X_L 称为感抗,当频率的单位是"Hz",电感的单位是"H"时,感抗的单位为"Ω"。感抗与频率成正比。电感元件上电压 u_L 和电流 i_L 的波形图如图 4-17 所示。从上面的比较和波形图,可看出纯电感电路中电压超前电流 $\dfrac{\pi}{2}$。

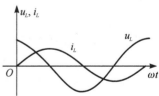

图 4-17 电感元件上电压和电流波形图

三、电容

设通过电容的正弦交流电压为:

$$u_C = U_\mathrm{M}\sin(\omega t + \phi_u) = \sqrt{2}U_C\sin(\omega t + \phi_u)$$

根据关系式 $i_C = C \dfrac{\mathrm{d}u_C}{\mathrm{d}t}$，得：

$$i_C = \sqrt{2}\,\omega C U_C \cos(\omega t + \phi_u) = \sqrt{2}\,\omega C U_C \sin(\omega t + \phi_i + \pi/2) = \sqrt{2}\,I_C \sin(\omega t + \phi_u)$$

比较等式两端，有：

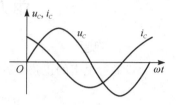

$$U_C = \frac{I}{\omega C} = X_C I \,;\; \phi_u = \phi_i - \pi/2$$

X_C 称为容抗，当频率的单位是"Hz"，电容的单位是"F"时，容抗的单位为"Ω"。容抗与频率成反比。电容元件上电压 u_L 和电流 i_L 的波形图如图 4-18 所示。从上面的比较和波形图，可看出纯电容电路中电压滞后电流 $\dfrac{\pi}{2}$。

图 4-18　电容元件上电压和电流波形图

四、正弦交流电路中的功率

电感、电容元件在电路中只有电源与电感、电容元件间的能量互换，这种能量交换规模的大小，用无功功率 Q 表示。无功功率的单位是"乏"（Var）。而电路中实际消耗的电能就是电阻消耗的电能。这部分的功率称为有功功率，用 P 表示。

通过上述分析得到：有功功率反映电路的实际消耗，即电路中各电阻所消耗的有功功率之和。有功功率的单位是"瓦（特）"（W）。

在交流电路中，平均功率一般不等于电压与电流有效值的乘积，如将两者的有效值相乘，则得出所谓的视在功率 S，即：

$$S = UI$$

视在功率的单位是"伏安"（VA）。

如果电路中有电感或电容存在，由于存在无功功率，有功功率 P 在一般情况下小于视在功率 S。P、Q、S 三者之间构成一个直角三角形，如图 4-19 所示。

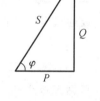

$$P = S\cos\varphi$$
$$Q = S\sin\varphi$$
$$S = \sqrt{P^2 + Q^2}$$

图 4-19　有功功率、无功功率及视在功率三者的关系

特别地，$\cos\varphi$ 定义为负载的功率因素。一般而言，常见正弦交流负载，如白炽灯可以看成纯电阻电路，$\cos\varphi = 1$，则 $P = UI$；而日光灯、单相交流电动机等，$\cos\varphi < 1$，则 $P = UI\cos\varphi$。$\cos\varphi$ 是交流电器负载的重要参数，在估算电路的载荷能力时，通常都要加以考虑。

第九节　三相交流电路

常见的三相交流电路，按三相负载的联接方式分，有星形（Y）联接和三角形（△）联接两种。

一、负载的星形联接

三相负载的星形联接方式如图 4-20 所示。三个负载 Z_A、Z_B、Z_C 的一端联接在一起，接到三相四线制的供电电源的中线上,另一端分别与三根相线的 A、B、C 端相连。三相电路中,各相负载中通过的电流称为相电流,如图 4-24 中的 I_{AN}、I_{BN}、I_{CN}；相线中通过的电流称为线电流,如图 4-20 中的 I_A、I_B、I_C。容易看出,在星形联接方式下,各线电流等于相应的相电流。

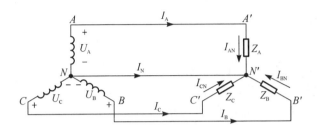

图 4-20　三相负载的显形联接方式

在三相电路中,计算某一相电流的方法与单相电路的电流计算一样,如果忽略输电线的电压降,则各相负载两端的电压等于电源相电压。把各相负载都作为一个单相电路,则相电流的求法与单相交流电路相同。以 A 相为例,若已知 A 相的有功功率为 P,估算 A 相的电流为:

$$I_A = \frac{P}{U_P \cos \varphi}$$

U_P 为线路的相电压。常见 220 V 交流电即为线电压 380 V 的三相四线制供电的相电压。$\cos \varphi$ 为电器的功率因素。常见的白炽灯为纯电阻电路,其 $\cos \varphi$ 为 1；日光灯为电阻电感串联电路,其 $\cos \varphi$ 为 0.5～0.6。

若已知 A 相的电流、电压,则 A 相的有功功率为:

$$P = U_P I_A \cos \varphi$$

同理,可得 B 相、C 相的有功功率,则三相总功率为:

$$P_{总} = U_P I_A \cos \varphi + U_P I_B \cos \varphi + U_P I_C \cos \varphi$$

当三相负载 $Z_A = Z_B = Z_C$ 时,称为对称负载。由于星形联接的各负载的相电压是对称的,当负载对称时,相电流也是对称的,因此,线电流也是对称的三相电流:

$$I_A = I_B = I_C = I_P = I_1$$

理论上可以证明,此时的中线电流为"0"。同时,$U_1 = \sqrt{3} U_P$,$I_1 = I_P$,有:

$$P_{总} = U_P I_A \cos \varphi + U_P I_B \cos \varphi + U_P I_C \cos \varphi = 3 U_P I_P \cos \varphi = \sqrt{3} U_1 I_1 \cos \varphi$$

在实际应用中,三相异步电动机、三相电炉和三相变压器等,都属于对称三相负载。对称三相电路由于中线电流为零,因此,可把中线省略,而不会影响电路的工作,这样三相四线制就变为三相三线制。

当三相负载中有任何一相的阻抗与其他两相的阻抗不同时,就构成不对称的三相负载。不对称的负载只有采用三相四线制供电方式,才能保证负载正常工作。

二、 负载的三角形联接

三相负载的三角形联接方式如图 4-21 所示。三个负载 Z_A、Z_B、Z_C 的始末端依次联接一个闭环，再由各相相线的始端分别接到电源的三根相线上。

由图 4-21 可见，不论负载是否对称，各相负载的相电压均为电源的线电压：

$$U_1 = U_P$$

在对称负载时，各相电流是对称的，线电流也是对称的，以 I_1、I_P 表示线电流的有效值和相电流的有效值。理论与实践表明，I_1、I_P 满足以下关系：

$$I_1 = \sqrt{3} I_P$$

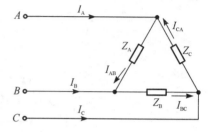

图 4-21 三相负载的三角形联接方式

三相总功率为：

$$P_{总} = U_P I_A \cos\varphi + U_P I_B \cos\varphi + U_P I_C \cos\varphi = 3U_P I_P \cos\varphi = 3U_1 \frac{I_1}{\sqrt{3}} \cos\varphi = \sqrt{3} U_1 I_1 \cos\varphi$$

注意：从形式上看，星形联接与三角形联接，总功率的表达式是一样的；但从数值上分析，是有区别的。下面以电阻负载分析为例：

设三相的电阻负载均为 R，星形联接时：

$$I_{lY} = \frac{U_P}{R} = \frac{U_1}{\sqrt{3}R}$$

三角形联接时：

$$I_{l\Delta} = \sqrt{3} I_{P\Delta} = \sqrt{3} \frac{U_P}{R} = \sqrt{3} \frac{U_1}{R}$$

比较上述两式，得

$$I_{l\Delta} = 3 I_{lY}$$

因此，对称的三相负载采用三角形联接时，其功率是星形联接时的 3 倍。这个原理常用于三相电机的降压启动。

第十节　简单电工测量

一、验电

验电的目的是验证停电设备是否确实无电压，以防止发生人身触电或带电装置未接地线等重大事故。在实际操作中，有很多因素可能导致以为已停电的设备实际上仍然是带电的。例如：由于停电措施不周、操作人员失误，未能将各方面的电源完全断开；进行工作的地点和实际停电范围不符，关错了开关；等等。这些认为已无电而实际上带电的情况，往往酿成重大事故。所以，验电工作是检验停电措施的执行是否正确、完善的重要手段。

要进行正确验电,首先要掌握验电笔的正确使用:

(1) 使用前,在确认有电的带电体上试验,检查其是否能正常验电,以免因氖管损坏而造成误判,从而危及人身或设备安全。

(2) 如图 4-22 所示,使用时,手指必须接触金属笔挂(钢笔式)或测电笔顶部的金属螺钉(旋具式),使带电体经测电笔和人体与大地形成电位差,从而产生电流,电笔中的氖管在电场作用下发光指示。

(a) 旋具式   (b) 钢笔式

图 4-22 验电笔操作

注意事项:如图 4-22 所示,像握钢笔一样将验电笔靠在虎口上或用手指直接接触笔尖的操作方法,都是错误的。只要带电体与大地之间的电压超过 60 V,氖管就会起辉发光。观察时应将氖管窗口背光朝向操作者。

二、电压测量

(一)直流电压测量

1. 直接测量

常用电压测量仪表如图 4-23 所示。测量直流电压使用直流电压表[图 4-23(a)],测量交流电压使用交流电压表[图 4-23(b)],也可以使用指针万用表或数字万用表[图 4-23(c)]。直流电压表、交流电压表一般用作实验和教学仪表,用来测量低电压;在生产或日常生活中,指针式或数字式万用表的应用更为广泛。

(a) 直流电压表   (b) 交流电压表   (c) 数字万用表

图 4-23 常用电压测量仪表

例如用电压表测量直流电压,具体步骤如下:

(1) 选择测量方法。当估计被测电压值小于电压表最大量程时,采用直接测量法,测量原理如图 4-24 所示。

(2) 按图 4-25 所示进行接线,将电压表直接并联在被测电阻两端。要求直流电压表的"+"极联被测电阻的高电位端,"—"极联低电位端,不可接反。如果发现电压表指针向反方向偏转,应立即

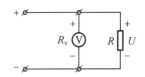

图 4-24 直流电压直接
测量原理图

切断电源,调换电压表两接线端。

（3）数据读取。观察图 4-25 所示的电压表量程,接在 3 V 挡(即电压表指针满偏转为 3 V),每大格为 1 V,每小格为 0.1 V。所以,图示电压值为 1.9 V。假设改接在 15 V 量程,则满刻度为 15 V,每大格为 5 V,每小格为 0.5 V,即电压量程扩大了 5 倍,那么按照现在的指针指示,电压读数应为 9.5 V。

2. 指针万用表的正确使用

（1）使用万用表前,认真阅读说明书,充分了解万用表的性能、各个部件的作用和用法,正确理解表盘上的符号和字母的含义及各条刻度线的读法。

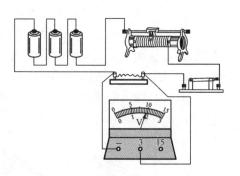

图 4-25　直流电压直接测量接线图

（2）测量前,把转换开关拨到电压档。再根据预先估计的被测量电压值,把转换开关拨到合适的量程档,尽量保证测量时使表头指针偏转到满刻度的 2/3 左右。如果无法估计被测量值,可在测量过程中从最大量程档逐渐减小到合适的量程档。

（3）测量时,必须认真核对测量项目和量程档,明确刻度线的读数。读数时,测量者的眼睛应垂直指针和刻度线。

（4）测量后,应立刻将转换开关拨到交流电压档的最高档,避免下次测量时由于操作不慎而损坏表头。

例如用指针万用表测量直流电压。以 MF47 型万用表[图 4-26(a)]为例,介绍直流电压的测量方法,其刻度盘如图 4-26(b)所示。重新调整可调电阻,改变固定电阻的电压值,进行测量。

(a) MF47型万用表

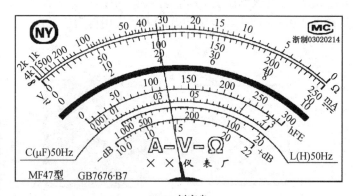

(b) 刻度盘

图 4-26　万用表测直流电压

（1）选择量程。将转换开关转到直流电压档,将红、黑表笔分别插入"＋""－"插孔。该表的直流电压有 1 V、2.5 V、10 V、50 V、250 V、500 V、1 000 V 七个档位。根据所测电压,将量程转换开关置于相应的测量档位。如果所测电压无法确定大小范围时,可先将万用表的量程转换开关旋在最高测量档位(1 000 V),指针若偏转很小,再逐级调低到合适的测量档位。

（2）测量方法。将红、黑两表笔搭在被测直流电源的高电位和低电位端。测量时,应注意正、负极性,如果指针反偏,应及时调换红、黑表笔。

(3) 读取数据。观察图 4-26 所示刻度盘中标有"≅"符号所对应的刻度线。设量程开关旋在 50 V 档,则指针满偏转为 50 V,刻度盘上电压档对应满刻度有 50 小格,于是每小格对应 1 V。如图 4-26 所示,指针偏转 20 格,测量电压应读作"20 V"。

假设图 4-26 所示的量程开关旋在 250 V 档,则指针满偏转为 250 V,刻度盘上电压档对应满刻度仍是 50 小格,于是每小格对应 5 V。当图 4-26 所示指针偏转 20 格时,测量电压应读作 100 V。

3. 数字万用表的正确使用

(1) 按下"OFF"按钮,检查数字万用表的电池电压值。如果电池电压不足,显示器左边将显示"LOBAT"或"BAT",这时需要打开后盖更换电池。当显示器不显示上述字符时,表示数字万用表可以进行测量。

(2) 数字万用表右下侧的测试笔插孔旁边的带叹号的正三角形符号,表示输入电压或电流不应该超过显示值。

(3) 测量直流或交流电压时,首先将黑表笔插入"COM"插孔,红表笔插入"V/Ω"插孔;然后将功能开关设置于"DCV"(直流)档或"ACV"(交流)档内,并将测试表笔联接到被测元件两端。此时,数字万用表显示器显示被测量电压值,并同时显示红表笔的极性。当显示器在测量时只显示"1",则表示测量值超出现有量程,需要将功能开关设置在更高档的量程。

例如用数字万用表测量直流电压。以 DT890A 型数字万用表为例,说明其测量方法。重新调节可调电阻,改变固定电阻的电压值,进行测量。

(1) 选择量程。将数字万用表置于直流电压合适的档位(此处选 200 V 档),所选档位量程应大于被测量电压值。如果事先不知道被测量电压值的范围,应先将转换开关拨至最高量程试测,然而再根据实际情况调整合适的量程。

(2) 测量方法。测量直流电压的电路联接如图 4-27 所示。电源 E 的电压值为 24 V,R_L 为负载电阻。测量时,把两表笔直接并联在待测元件端电压的两点上。因数字万用表具有自动转换并显示极性的功能,所以在测量直流电压时一般可不考虑表笔极性的接法。

(3) 读取数据。在液晶屏上直接读取被测元件的端电压数值。如果红表笔接被测电压的正极,黑表笔接被测电压的负极,则液晶屏上显示的数字不带正、负号;若将两表笔调换,则液晶屏上显示的数字带负号。如果液晶屏只显示"1",说明被测电压值已超出所选量程,应转至更高量程再进行测量。

注意事项:在电压测量过程中,不能旋动量程转换开关;特别是在测量高电压时,严禁带电转换量程。用指针万用表测量电压时,应注意万用表的"＋""－"极性;而数字万用表则不需要。数字万用表直流电压档 1 000 V 旁边的符号"!"

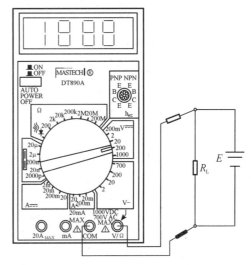

图 4-27　用万用表测量直流电压的电路联接

表示不能输入高于 1 000 V 的直流电压,否则会有损坏仪表内部电路的危险。数字万用表测量电压时,若误用直流电压档测量交流电压,或者误用交流电压档测量直流电压,仪表将显示"000",或在低位出现跳数现象。此时应及时调换正确的档位。由于数字万用表电压档的输入电阻很高,所以当两支表笔处于开路状态时,外界干扰信号很容易从输入端串入,使仪表在低位出现没有规律跳动的数字。这是正常现象。

4. 测量误差的种类及其避免

由于误差产生的原因不同,可以分为过失误差、系统误差(包括测量误差和人员误差)和偶然误差三类,具体如下:过失误差(由于操作者粗心大意等过失引起的测量失误);测量误差(测量仪表仪器本身的误差)和人员误差(由于操作者不良习惯引起的误差);偶然误差(上述两大类误差之外的误差)。只要测量过程中操作者集中精神,就可以避免过失误差。而在测量前,操作者认真调校测量仪表/仪器的零点;测量后,按照正确方法读数,就可以避免系统误差中的人员误差。但是,测量仪表/仪器的测量误差是不可能消除的,只能尽量提高测量的准确度。因此,使用指针式仪表进行测量时,应选择好仪表的量程,尽可能使仪表的指针处于满度值的 2/3 附近区域。

(二)交流电压测量

(1)用电压表和万用表测量交流电压,测量白炽灯的电压,使用交流电压表或万用表。选择交流电压表或万用表(注意将转换开关旋在"~"档)的合适量程,将其两测量端直接并联于被测线路或负载两端,即可读数。读数方法同直流电压表,这里不再赘述。

(2)用电压互感器测量交流电压。在生产企业中,除了低压交流电路外,维修电工还经常需要接触高压交流电路。当被测交流电压数值较大(通常大于 600 V)时,需用电压互感器来扩大交流电压表的量程。使用电压互感器扩展量程测量交流电压的测量原理如图4-28(a)所示,通过电压互感器,将线路或负载两端的高电压变换成电压表能够测量的低电压。

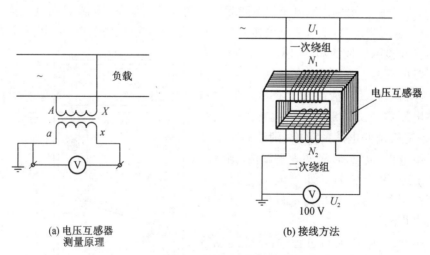

(a) 电压互感器测量原理　　　(b) 接线方法

图 4-28　交流电压测量

① 选择电压互感器。所用电压互感器的一次绕组额定电压值按所需的扩大量程值选择,二次绕组额定电压值应与现有电压表量程值相同。电压互感器的二次绕组额定电压值

一般为 100 V,所以配套用的交流电压表的量程也为 100 V。

② 接线方法如图 4-28(b)所示,将电压互感器的一次绕组与被测电路并联,二次绕组与电压表(或仪表的电压线圈)并联。电压互感器的铁心和二次绕组的一端必须接地。

③ 读数方法。实际应用中,电压互感器的一次电压与测量仪表的量程通常配套使用,用户可直接从电压表中读取一次绕组的电压值。如使用 1 000/100 的电压互感器,就要使用满刻度为 1000 V、量程为 100 V 的交流电压表。如果使用满刻度值与量程值均为 100 V 的交流电压表,则被测电压为:

$$U_x = K \times \text{电压表中的电压指示值}$$

式中:K——电压互感器的变压比。

注意事项:利用电压互感器的扩展量程测量交流电压时,电压互感器的二次绕组回路应防止发生短路。

三、电流的测量

电流的测量通常采用电流表,测量方法是将电流表串联在被测电流支路中。

(一)直流电流的测量

测量直流电流时,要注意电流表的极性和量程。采用直接接入法时,按图 4-29 接线。当电流表的量程不够时,采用带分流器的电流表,如图 4-29 所示。分流器的电流端钮接入电路,电位端钮通过外附定值导线与电表相连。由图 4-30 可见,它实际上是一只伏特表,用电流刻度而已。如不用定值导线,会影响表头的毫伏值而产生误差,所以必须配用定值导线。

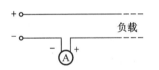
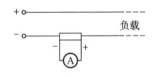

图 4-29　直流电流测量的接线方法　　图 4-30　带分流器的电流表接线方法

(二)交流电流的测量

测量单相交流电流,要使用对应量程的交流电流表,不能用直流电流表;反之亦然。电流较小接线如图 4-31 所示。如果被测电流值较大,无法直接测量,可通过电流互感器扩大量程。带电流互感器的测量按图 4-32 接线。三相交流电流的测量可参照单相交流电的接线。

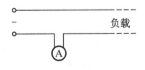
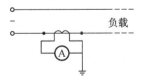

图 4-31　交流电流测量的接线方法　　图 4-32　较大电流测量的接线方法

在线路或设备维护过程中,电气作业人员经常要在不断开电路的情况下测量或监视交流线路或设备的电流,钳形电流表可以满足这个要求。钳形电流表实际上是一个电流互感器和电流表的组合。常用的钳形电流表有磁电系钳形表和数字式钳形表两种,其外形如图 4-33 所示。

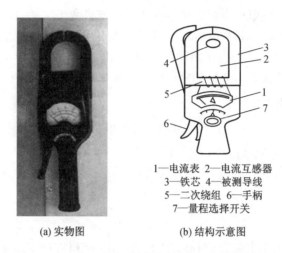

1—电流表　2—电流互感器
3—铁芯　4—被测导线
5—二次绕组　6—手柄
7—量程选择开关

(a) 实物图　　　　　(b) 结构示意图

图 4-33　钳形电流表

四、功率的测量

电功率是电压和电流两个物理量共同作用的结果。按照交流、直流电路不同,有直流电路功率和交流电路功率两种。

(一) 直流电路的功率

在直流电路中,

$$P = UI$$

式中:P——负载消耗的功率(W);

　　U——负载两端电压(V);

　　I——负载中流过的电流(A)。

(二) 交流电路的功率

在交流电路中,

$$P = UI\cos\varphi$$

式中:P——负载消耗的电功率(W);

　　U——负载两端电压有效值(V);

　　I——负载中流过的电流有效值(A);

　　$\cos\varphi$——负载的功率因数。

在额定电压下,标称功率(即额定功率)越大的用电器所消耗的电功率也越大。在实际生产中,用电器所消耗的实际功率不一定等于用电器的标称功率。如果设备的实际功率超过额定功率,往往会导致设备产生新的故障;而如果设备的实际功率远远低于额定功率,也会影响设备的工作效率。

功率的测量常用功率表。功率表有直流、交流、交直流等不同用途。工程中还有钳形功率表,能比较方便地在现场测量设备的功率。

第十一节 安 全 用 电

在使用电能的过程中,如果不注意安全用电,就有可能造成人身触电伤亡或电气设备损坏,甚至影响到电力系统的安全运行。因此,在使用电能的同时,必须注意安全用电,以保证人身、设备、电力系统三方面的安全,防止事故发生。具体地来说:能识别各种危险的迹象,能排除实际的危险;能控制无法消除的危险,防止一旦失去控制的危险造成人员伤害;能减少万一发生的事故所造成的严重后果。

一、电流对人体的危害

人体因触及带电体而承受过大的电流,以致死亡或局部受伤的现象,称为触电。根据触电后受伤害的程度不同,触电可分为电击和电伤两种。电击是指电流通过人体而使内部脏器受伤,以致死亡的触电事故。这是最危险的触电事故。电伤是指人体由于电弧或熔断丝熔断溅起的金属球等造成烧伤的触电事故。

触电对人体的伤害程度与通过人体的电流的频率、通电时间和流经人体的途径有关。实践表明,频率为 $50 \sim 100$ Hz 的电流对人体的危害最大。当超过 50 mA 的工频电流通过人体时,会造成呼吸困难、肌肉痉挛、中枢神经受损以致死亡。电流流过大脑或心脏时,最易造成死亡事故。通过人体的电流大小取决于作用在人体上的电压和人体电阻值。通常,人体电阻为 800 Ω 至几万欧姆。皮肤干燥时电阻高,出汗时电阻低。人体电阻若以 800 Ω 计,触及 36 V 的电源时,通过人体的电流为 45 mA,对人体安全不构成威胁。所以在一般情况下,规定 36 V 的交流电为安全电压。

二、接零与接地

电气设备应有保护接地或保护接零装置。在正常情况下,电气设备的外壳是不带电的;但其绝缘损坏后,外壳就会带电,此时人体触及就会触电。通常,对电气设备实行保护接地或保护接零。这样,即使电气设备因绝缘损坏漏电,人体触及也不会触电。

保护接地就是将电气设备的外壳、金属框架用电阻很小的导线与大地可靠地联接,如图 4-34 所示。通常采用埋在地下的自来水管作为接地体,适用于 1 000 V 以下,电源中线不直接接地的供电系统中电气设备的安全保护。采用保护接地后,电气设备的外壳与大地做了可靠联接,且接地装置的电阻很小,当人体接触到漏电的设备外壳时,外壳与大地形成两条并联支路,由于人体电阻大,故大部分电流经接地支路流入大地,从而保护了人身安全。接地电阻越小,人越安全。电力部门规定接地电阻不得超过 4 Ω。

保护接零就是将电气设备的外壳、金属框架用电阻很小的导线与供电系统中的零线可靠地联接,如图 4-34(b)所示。它适用于 220 V 和 380 V 中性线直接接地的三相四线制供电系统中的电气设备的安全保护。当电气设备的绝缘损坏发生短路时,由于中性线的电阻很小,因而短路电流很大,使电路中的保护电器动作,或使熔断丝熔断而切断电源,从而消除触电危险。

注意:家用两相电供电只能用保护接地,因为有时两相电的火线与零线都接有保险,零线保险开路,就不能保证零线电位为零,也就不能保证安全,如图 4-35 所示。这时必须有保护接地或安装漏电保护器。

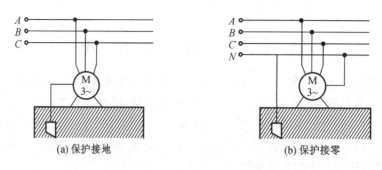

(a) 保护接地　　　　　　　　　(b) 保护接零

图 4-34　保护接地与保护接零

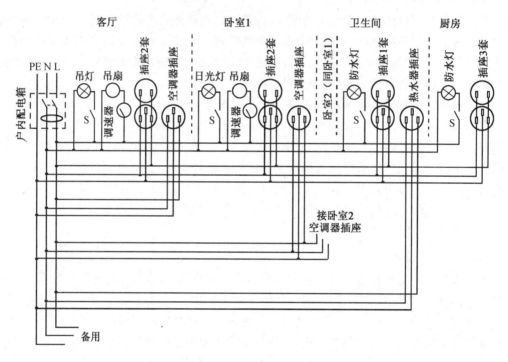

图 4-35　家用电路图范例

三、安全用电常用措施

（1）建立、健全各种安全操作规程和安全管理制度,加强安全教育,普及安全用电的基本知识。

（2）装设接地线。装设三相短路接地线的目的是防止工作地点突然来电,以及泄放停电设备或线路的剩余电荷及可能产生的感应电荷,从而确保工作人员的安全。

（3）标示牌和遮栏。悬挂标示牌可提醒有关工作人员及时纠正将要进行的错误操作和做法,起到禁止、警告、准许、提醒几方面的作用。

① 电气工作场所常设有安全警告标志,如图 4-36 所示。

② 常用的标示牌。"禁止合闸,有人工作"是一种常用的标示牌,是电气维修人员在维修过程中为断电操作安全而设计的,如图 4-37 所示。一般采用红底白字或白底红字,悬挂在一经合闸即可送电到施工设备的开关和刀闸的操作手柄上,或一经合闸即可送电到施工

(a) 禁止烟火　(b) 禁止用水灭火　(c) 禁止启动　(d) 禁止合闸　(e) 禁止攀登

(f) 禁止入内　(g) 当心触电　(h) 当心电缆　(i) 当心机械伤人

图 4-36　安全警告标志

线路的开关和刀闸的操作手柄上。

③ 安装漏电保护装置。漏电保护装置的作用,主要是防止由电气设备漏电引起的触电事故和单相触电事故。

④ 对一些特殊电气设备(如机床局部照明、携带式照明灯等),以及在潮湿场所、矿井等危险环境下,必须采用安全电压(36 V,24 V,12 V)供电。

图 4-37　标示牌

四、安全操作规程及安全用电常识

(一)安全操作规程

安全操作规程是为了保证财产和生命安全。对于电气作业,国家统一规定了有关的安全操作规程。电气作业人员有关的安全操作规程,电气作业人员必须严格遵守:

(1)工作前应详细检查所用工具是否安全可靠,并穿戴好必需的防护用品,如胶鞋、绝缘衣等。

(2)电气线路在未经测电笔确定无电前,应一律视为"有电",不可用手触摸。

(3)不准在设备运转时拆卸修理电气设备。必须做到以下条件,方可进行工作:

①停机;②切断设备电源;③取下熔断器;④验明无电,并在开关把手上或线路上悬挂"有人工作,禁止合闸"的警告牌。

(4)使用测电笔时禁止超范围使用,电工选用的低压电笔只允许在 500 V 以下的电压下使用。

(5)熔断器、开关和插座等低压电器设备的额定值(如额定电压、额定电流等),必须符合设计标准及使用规定。

(6)登高作业完毕后,必须及时拆除临时接地线,并检查是否有工具等物遗留在电杆上。

(7)电气线路及设备的安装或检修工作结束后,需拆除警告牌,所有材料、工具、仪表等随之撤离,原有防护装置随时安装好,全部工作人员必须及时撤离工作地段。

(二)安全用电常识

不仅要充分了解安全用电常识,而且有责任阻止不安全用电行为,宣传安全用电常识。安全用电常识内容包括:

（1）不掌握电气知识和技术的人员，不可安装和拆卸电气设备及线路。

（2）严禁用"一线"（相线）"一地"（大地）安装用电器具。

（3）在同一个插座上不可接过多或功率过大的用电器。

（4）不可用金属丝绑扎电源线。

（5）不可用湿手接触带电的电器（如开关、灯座等），更不可用湿布揩擦电器。

（6）电动机和电气设备上不可放置衣物，不可在电动机上坐立，雨具不可挂在电动机或开关等电器的上方。

（7）堆放和搬运各种物资、安装其他设备，要与带电设备和电源线相距一定的安全距离。

（8）在搬运电钻、电焊机和电炉等可移动电器时，要先切断电源，不允许拖拉电源线来搬移电器。

（9）在潮湿环境中使用可移动电器，必须采用额定电压为 36 V 的低压电器。若采用额定电压为 220 V 的电器，其电源必须采用隔离变压器。在金属容器（如锅炉、管道）内使用移动电器，必须采用额定电压为 12 V 的低压电器，并加接临时开关，还要有专人在容器外监护。低电压移动电器应装特殊型号的插头，以防误插入电压较高的插座。

（10）雷雨时，不要走近高电压电杆、铁塔和避雷针的接地导线的周围，以防雷电时人地周围存在的跨步电压触电；切勿走近断落在地面的高压电线。如高压电线断落在身边或已进入跨步电压区域时，要立即用单脚或双脚并拢，迅速跳到 10 m 以外的地区，千万不可奔跑，以防跨步电压触电。

思考与练习

4-1 举例说明最常见的电源形式。

4-2 一个正弦交流电可以由哪三个要素惟一确定，为什么？有效值是什么要素？

4-3 理解三相四线线制供电系统中的相电压、线电压，以及相电压与线电压的关系，并举例说明。

4-4 在三相四线制供电系统中，单相电与三相电的关系是怎样的？在日用三相不平衡负载供电系统中，中性线有什么作用？

4-5 简述电阻、电感、电容的直流/交流电路伏安特性。

4-6 简述电阻、电感、电容的交流电路消耗功率特性。

4-7 简述有功功率、无功功率、视在功率的定义及意义。

4-8 画出三相负载的星形（三相四线制、三相三线制）、三角形联接的方式，并说明适用范围，理解两种情形下相电流、线电流、相电压、线电压及之间的关系。

4-9 如何正确使用测电笔？

4-10 如何正确选择不同的功能及量程，如何使用万用表，如何正确读数？

4-11 简述直流功率、交流功率的测量方法，以及功率因数的意义。

4-12 采用电压互感器扩展量程测量交流电压时，电压互感器的二次绕组回路一旦发生短路，可能会造成什么严重后果？

4-13 简述工业设备的保护性接地、接零，以及家用电器的保护性接地。

4-14 简述同一插座同时插接多个大功率电器的危害性。

4-15 简述旋转磁极式发电机原理。

4-16 简述发电的能量转换形式。

4-17 举例说明电能从发电到使用需经过哪些过程。

4-18 了解目前我国对大多数企业和居民生活用电的供电电压为多少。

第五章　纺织设备用电机

第一节　三相异步电动机

一、三相异步电动机原理

三相异步电动机由于具有结构简单、运行可靠、维护方便、效率较高、价格低廉等优点，因此被广泛地用来驱动各种金属切削机床、起重机械、鼓风机、水泵和纺织机械等，是工农业生产中使用最多的电动机。

（一）三相异步电动机的基本构造

三相异步电动机主要由两部分组成：固定不动的部分称为电动机定子，简称定子；旋转并拖动机械负载的部分称为电动机转子，简称转子。转子和定子之间有一个非常小的空气气隙，将转子和定子隔离开来，根据电动机容量的不同，气隙一般为 0.4～4 mm。转子和定子之间没有任何电气联系，能量的传递全靠电磁感应作用，所以这样的电动机也称为感应式电动机。

三相异步电动机的基本构造如图 5-1 所示。电动机定子由支撑空心定子铁芯的钢制机座、定子铁芯和定子绕组线圈组成。定子铁心由 0.5 mm 厚的硅钢片叠制而成。定子铁芯上的插槽用来嵌放对称三相定子绕组线圈。电动机转子由转子铁心、转子绕组和转轴组成。转子铁心由表面冲槽的硅钢片叠制而成。转子铁心装在转轴上，转轴拖动机械负载。

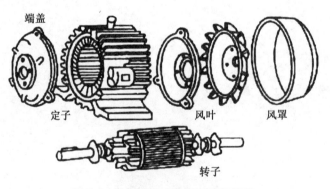

图 5-1　三相异步电动机结构示意图

异步电动机的转子有两种形式：鼠笼式转子和绕线式转子。鼠笼式转子绕组像一个圆柱形的笼子（图 5-1），在转子心槽中放置铜条（或铸铝），两端用端环短接。额定功率在 100 kW 以下的鼠笼式异步电动机的转子绕组端环及冷却用的叶片常用铝铸成一体。由于鼠笼式转子结构简单，因此这种电动机运用最为广泛。绕线式异步电动机的转子绕组和定子绕组一样，也是三相的，联接成星形。每相绕组的始端联接在三个铜制的滑环上，滑环固定在转轴上。环与环、环与转轴之间都是互相绝缘的,通过与滑环滑动接触的电刷和转子绕组的三个始端,与外电路的可变电阻相联接,用于启动和调速。绕线式异步电动机转子结构如图5-2所示。

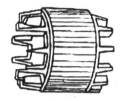

(a) 转子铁芯冲片　　　　(b) 笼形绕组　　　　(c) 铸铝鼠笼式转子

图5-2　绕线式异步电动机转子结构示意图

(二) 工作原理

先做一个简单的实验,如图5-3所示。一个装有手柄的马蹄形磁铁,在N、S两个磁极的中间放置一个可以自由转动的、由铜条构成的转子,铜条两端均用铜环短接。磁极与转子之间没有机械联系。摇动手柄使磁极转动,转子跟随磁极一起转动,摇得快,转子转得快,摇得慢,转子转得慢,当改变摇动方向时,转子也跟随反转。由此可见,闭合的导体在旋转磁场内因受力而转动。

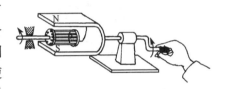

图5-3　异步电动机转动原理实验

转子旋转的原因可用电磁感应原理来说明。当导体与磁极之间有相对运动时,导体中就会产生感应电势,其方向由右手法则来决定。由于导体被两端铜环短接,故闭合的转子电路中便出现电流,转子铜条成为载流导体。又载流导体在磁场中将受到电磁力的作用,其方向由左手定则决定,故转子在此电磁力的作用下就转动起来,其旋转方向与磁铁的旋转方向相同。实际的异步电动机的转子所以会转动,也是依靠其定子绕组内产生的旋转磁场。下面分析三相异步电动机定子的旋转磁场是如何产生的,以及转子跟随旋转的原理:

图5-4是简化的三相定子绕组接线图。三相对称绕组 U_1—U_2、V_1—V_2、W_1—W_2,在空间互差120°,对称地嵌放在定子铁心的槽中,绕组做星形联接,其末端 U_2、V_2、W_2 联于一点,

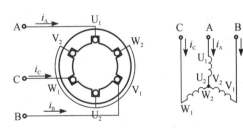

图5-4　简化的三相定子绕组简化

首端 U、V、W 分别接在对称三相电源 A、B、C 上。绕组中流入对称的三相电流波形图,如图5-5所示。

规定电流的参考方向从绕组的首端流入,从末端流出。当电流为正时,实际方向与参考方向相同;当电流为负时,则相反,即从末端流入,首端流出。图5-5中用符号⊗表示电流流进,⊙表示电流流出。在图5-5所示的波形图上,取 $t_0 \sim t_3$ 四个瞬间时刻来分析定子绕组中产生磁场的情况。

当 $t = 0(\omega t_0 = 0°)$ 时,电流 i_A 为零;i_B 为负值,从末端 V_2 流进,从首端 V_1 流出;i_C 为正

值,从首端 W_1 流进,从末端 W_2 流出。根据右手螺旋法则,可确定三相绕组产生的合成磁场的方向,如图 5-5(a)所示。对定子而言,磁力线从上向下,相当于定子上方是 N 极,下方为 S 极。这种绕组布置方式产生两极磁场,即磁极对数 $p=1$。

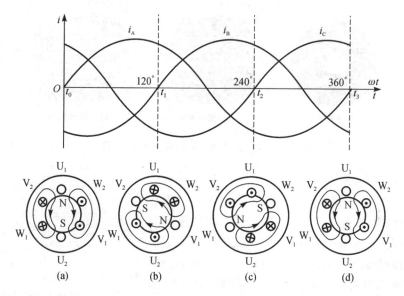

图 5-5　两极旋转磁场

当 $t=t_1(\omega t_1=120°)$ 时,$i_A>0$,$i_B=0$,$i_C<0$,其合成磁场方向如图 5-5(b)所示,在空间按顺时针方向旋转 120°。同理可画出 $t=t_2(\omega t_2=240°)$ 和 $t=t_3(\omega t_3=360°)$ 时合成磁场的方向,与 $\omega t_0=0$ 时的位置相比,按顺时针方向分别旋转了 240°和 360°。

由以上分析可见,当定子三绕组通入三相交流电流时,它们的合成磁场将随电流变化而在空间内不断地旋转,这就是旋转磁场。在 $p=1$ 的两极电动机中,交流电交变 1 周,合成磁场在空间也旋转 1 周,即 360°,三相电流周期性地不断变化,合成的磁场将沿同一方向连续不断地旋转。如果绕组对称,电流也对称,则这个磁场的大小恒定不变。

2. 旋转磁场的方向

由图 5-5 可见,旋转磁场是按顺时针方向旋转的,三相电流的相序也按顺时针方向布置,由此可知旋转磁场的方向与三相电流的相序一致。如改变三相电流的相序(将联接三相电源的三根导线中的任意两根对换),仍按图 5-5 分析,可知旋转磁场将按逆时针方向旋转。

3. 旋转磁场的转速

图 5-5 所示为一对磁极时的旋转情况。磁极对数用 p 表示,$p=1$ 时,电流每变化 1 周,旋转磁场在空间内也旋转 1 周。设电源频率为 f,则旋转磁场的转速为:

$$n_0=60f$$

现在分析 $p=2$ 的四极及其转速。图 5-6 为四极电动机的绕组布置图。设电动机定子铁心有 12 个线槽,每相绕组由两个线圈串联而成(占四个槽,如 $1U_1\sim1U_2$ 与 $2U_1\sim2U_2$),各个线圈的始端(或末端)在空间的位置彼此相隔 60°。取 $t_0\sim t_3$ 四个瞬间时刻,用同样的方法进行分析,可得到一个具有四个磁极的旋转磁场。交流电交变 1 周,旋转磁场在空间的位置转 180°(1/2 转)。交流电交变 2 周,旋转磁场在空间的位置转 360°(1 转)。因此,与 p

＝1 的两极电动机相比，p（磁极对数）增加 1 倍，而旋转磁场转速下降了 1/2。

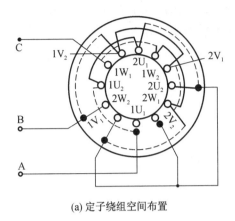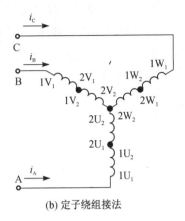

(a) 定子绕组空间布置　　　　　(b) 定子绕组接法

图 5-6　四极电动机的绕组布置图

如果磁极对数不为 1，设电源频率为 f，则根据分析可得 p 对磁极的旋转磁场的转速为：

$$n_0 = \frac{60f}{p}$$

式中：n_0——旋转磁场的转速（亦称为同步转速）。

我国工业用电频率为 50 Hz。对于一台具体的电动机来说，磁极对数是确定的，因此，n_0 也是确定的。如 $p=1$ 时，$n_0=3\,000$ r/min；$p=2$ 时，$n_0=1\,500$ r/min；$p=3$ 时，$n_0=1\,000$ r/min；等。

三相异步电动机的转动原理如图 5-7 所示，当定子对称的三相绕组中通入对称的三相电流时，可产生转速为同步转速 n_0、转向与电流的相序一致的旋转磁场（图中为顺时针方向），固定不动的转子绕组就会与旋转磁场相切割，在转子绕组中产生感应电动势，其方向可用右手定则来判断。由于转子绕组自身闭合，感应电动势在转子绕组中产生感应电流，从而使转子绕组成为载流导体。载流转子导体在旋转磁场中受到电磁力的作用，方向可用左手法则判断。这些电磁力对转轴形成电磁转矩 T，其方向与旋转磁场的转向一致。于是，转子在电磁转矩的作用下，沿着旋转磁场的转向转动，转速为 n。

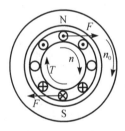

图 5-7　异步电动机转动原理

异步电动机的转速 n 总是小于并接近同步转速 n_0。$n=n_0$ 时，则转子与旋转磁场间无相对运动，转子导体将不再切割磁力线，因而其感应电动势、感应电流和电磁转矩不能形成。因此，转子的转速与同步转速不相等，且 $n<n_0$，这就是"异步"的含义。又因转子电流是由电磁感应产生的，所以又称为感应电动机。

电动机的同步转速与转子的转速之差称为转速差，转速差与同步转速的比值称为转差率，用 s 表示，即：

$$s = \frac{n_0 - n}{n_0} \times 100\%$$

上式中，s 是分析异步电动机运行的一个重要参数。当 $n=0$ 时(启动瞬间)，$s=1$，转差率最大；当 $n=n_0$ (理想空载情况)时，$s=0$。s 一般在 $0\sim1$ 之间变化。稳定运行时，工作转速与同步转速比较接近。通常，异步电动机的转差率 s 为 $2\%\sim8\%$。

[例 5-1]　有一台三相异步电动机，其额定转速 $n=1\,460$ r/min，试求电动机在额定负载时的转差率(电源频率 $f=50$ Hz)。

解

$$n \approx n_0 = \frac{60f}{p}$$

$$p = \frac{60f_1}{n} = \frac{60 \times 50}{1\,460} = 2.05，取 \ p = 2$$

$$n_0 = \frac{60f_1}{p} = \frac{60 \times 50}{2} = 1\,500$$

$$s = \frac{n_0 - n}{n_0} = \frac{1\,500 - 1\,460}{1\,500} \times 100\% \approx 2.7\%$$

二、三相异步电动机的使用

(一)三相异步电动机的选择

正确地选择异步电动机，就要详细了解电动机的铭牌数据。电动机铭牌提供了许多有用信息，上面标有电动机的型号、规格和有关技术参数。下面以 Y180M-4 型电动机铭牌(表 5-1)为例来说明铭牌上各个数据的意义。

表 5-1　Y180M-4 型电动机铭牌

型号 Y180M-4	功率 18.5 kW	频率 50 Hz
电压 380 V	电流 35.9 A	接法△
转速 1 470 r/min	绝缘等级 E	功率因数 0.86
效率 0.91	温升 60℃	工作方式连续
出厂编号×××××	出厂日期×××××	×××××电机厂

(1)型号。为了适应不同用途和不同工作环境的需要，电动机制成不同的系列和种类，每种电动机用不同的型号表示。型号说明如下：

(2)额定功率和效率。铭牌上所标的额定功率值是指电动机在额定电压、额定频率、额定负载下运行时轴上输出的额定机械功率。效率就是电动机铭牌上给出的功率与电动机从电网输入电功率的比值。

(3)额定频率。指电动机定子绕组所加交流电源的频率。我国工业用交流电标准频率为 50 Hz。

(4)额定电压。铭牌上所标的额定电压是指电动机在额定运行时定子绕组的额定线电压值。Y 系列三相异步电动机的额定电压统一为 380 V。

（5）额定电流。铭牌上所标的额定电流值是指电动机在额定运行时定子绕组的额定线电流值。当电动机空载或轻载时，都小于该电流值。

（6）功率因数。三相异步电动机的功率因数较低，额定负载时约为07～09，轻载或空载时更低，空载时只有 0.2～0.3。因此，必须正确选择电动机的容量，使电动机保持在满载下工作。

（7）额定转速。铭牌上给出的额定转速是电动机在额定电压、额定功率、额定频率下运行时每分钟的转数。电动机所带负载不同，转速略有变化，轻载时稍快，重载时稍慢；如果是空载，接近同步转速。

（8）接法。表示电动机在额定电压下定子三相绕组的联接方法。一般，电动机定子三相绕组的首、尾端均引至接线板。国家标准规定用符号 U、V、W 分别表示电动机三相绕组线圈的首端，用符号 U_2、V_2、W_2 分别表示电动机三相绕组线圈的尾端。电动机的六个线头可以接成星形和二角形，如图 5-8 所示，但必须按铭牌所规定的接法联接，才能正常运行。

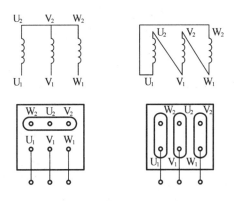

图 5-8　三相异步电动机的接线图

（9）工作方式。指电动机在连续工作制还是在短时或断续工作制下运行。若标为"连续"，表示电动机可在额定功率下连续运行，绕组不会过热；若标为"短时"，表示电动机不能连续运行，而只能在规定的时间内依照额定功率短时运行，绕组不会过热；若标为"断续"，表示电动机的工作是短时的，但能多次重复运行。

（10）绝缘等级及温升。指电动机定子绕组所用的绝缘材料允许的最高温度的等级。中小型电动机常用的绝缘分为 A、E、B、F、H 五级。电动机采用较多的是 E 级绝缘和 B 级绝缘。温升是指电动机运行时定子铁心和绕组温度高于环境温度的允许温差。

（二）三相异步电动机的起动

电动机接上电源，转速由零开始运转，直至稳定运转状态的过程，称为起动过程。对电动机的起动要求是：起动电流小，起动转矩大，起动时间短。在异步电动机刚接上电源而转子尚未旋转的瞬间，定子旋转磁场对静止转子的相对速度最大，转子绕组的感应电动势和电流也最大，则定子的感应电流也为最大，往往可达额定电流的 5～7 倍。理论分析指出，起动瞬间转子电流虽大，但转子的功率因数明显很低，故此时转子电流的有功分量不大（无功分量大），能量转换有限，起动转矩不大。笼型异步电动机的起动性能较差，起动方法有直接起动（全压起动）和降压起动两种。

1. 直接起动

电动机三相定子绕组直接加上额定电压的起动,叫作直接起动。此法起动最简单,投资少,起动时间短,起动可靠,但起动电流大。是否可采用直接起动,取决于电源的容量及起动频繁程度。直接起动一般只用于小容量电动机(如 75 kW 以下的电动机)。对于较大容量的电动机,若电动机的起动电流倍数 K、容量和电网容量满足,则电动机可直接起动,否则应采用降压起动。

2. 降压起动

降压起动的主要目的是限制起动电流,但在限制起动电流的同时,起动转矩受到限制,因此只适用于轻载或空载情况。最常用的起动方法有 Y—△换接起动和自耦补偿器起动。

Y—△换接起动只适用于定子绕组为△形联接,且每相绕组都有两个引出端的三相笼型异步电动机,接线原理如图 5-9 所示。起动前先将 Q_1 合向起动位置,定子绕组接成 Y 形联接,然后合上电源开关 Q_2 进行起动,此时定子每相绕组所加电压为额定电压的 $1/\sqrt{3}$,从而实现了降压起动。待转速上升至一定值后迅速将 Q_1 投向"运行"位置,恢复定子绕组为△形联接,使电动机每相绕组在全压下运行。由第四章第九节"三相交流电路"的知识可推得:Y 形联接时的起动电流为△形联接时的 1/3,其起动转矩也为后者的 1/3。

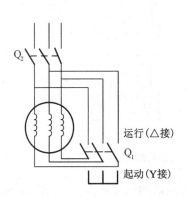

图 5-9　Y—△换接起动线路

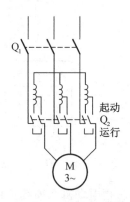

图 5-10　自耦补偿器起动

图 5-10 是自耦补偿器降压起动。起动前先将 Q_2 合向"起动位置",然后合上电源开关 Q_1 进行起动。利用自耦变压器降低电源电压,以减小加到电动机定子绕组上的电流。待转速接近额定值时,将 Q_2 合向"运行"位置,切除自耦变压器,加全压运行。

(三)三相异步电动机的调速

调速是使电动机在同一负载下得到不同的转速,以满足生产过程的需要。有些生产机械,为了加工精度要求,如某些机床,需要精确调整转速。另外,鼓风机、水泵等流体机械,根据所需流量调节其速度,可以节省大量电能。所以三相异步电动机的速度调节是它的一个非常重要的应用方面。由异步电动机的转速公式:

$$n = (1-s)\frac{60f}{p}$$

可知,异步电动机通过三种方式进行调速:①改变电动机旋转磁场的磁极对数 p;②改变供电电源的频率;③改变转差率 s。下面分别介绍这几种调速方法:

1. 变极调速

变极调速就是改变电动机旋转磁场的磁极对数 p，使电动机的同步转速发生变化来实现电动机的调速。通常采用改变电动机定子绕组的联接方式。这种方法的优点是操作简单；缺点是只能有级调速，调速的级数不可能多，因此只适用于不要求平滑调速的场合。改变绕组的联接有多种方法：可以在定子上安装一套能变换为不同磁极对数的绕组，也可以在定子上安装两套不同磁极对数的单独绕组，还可以混合使用上述两种方法得到更多的转速。应当指出的是，变极调速只适用于鼠笼式异步电动机，因为鼠笼转子的磁极对数能自动随定子绕组的磁极对数的变化而变化。

2. 变频调速

异步电动机的变频调速是一种很好的调速方法。异步电动机的转速正比于电源的频率 f_1，若连续调节电动机供电电源的频率，即可连续改变电动机的转速。随着电力电子技术的发展，很容易大范围且平滑地改变电源频率，因而可以得到平滑的无级调速，且调速范围较广，有较硬的机械特性。因此，这是一种比较理想的调速方法，是交流调速的发展方向。

工频电源频率是固定的 50 Hz，所以要改变电源频率，需要一套变频装置。目前变频装置有两种：一种是交—直变频装置，它的原理是先用可控硅整流装置将交流电转换成直流电，再采用逆变器将直流电变换成频率可调、电压值可调的交流电供给电动机；另一种是交—交变频装置，它需用两套极性相反的晶闸管整流电路向三相异步电动机供电，交替地以低于电源频率切换正、反两组整流电路的工作状态，使电动机绕组得到相应频率的交变电压。

3. 变转差率调速

在绕线式电动机转子电路中接入一个调速电阻，改变电阻的大小，就可以调速。在同负载转矩下，增大调速电阻，转差率上升，转速下降。这种调速方法的优点是设备简单、调速平滑，但能量消耗大，在起重设备上使用较多。

第二节　其　他　电　机

一、单相异步电动机

单相异步电动机是利用单相交流电源供电的一种小功率电动机，实际上是三相笼式异步电动机的派生产品。它具有结构简单、成本低廉、运行可靠、维修方便等优点，以及可以直接在单相 220 V 交流电源上使用的特点。单相异步电动机广泛应用于家用电器，如台扇、吊扇、空调、电冰箱、吸尘器、小型鼓风机、小型车床、医疗器械等。

（一）单相异步电动机的结构

普通单相异步电动机的结构与一般小型三相笼式异步电动机相似，也由定子、转子和其他辅助性部件构成。

（二）基本工作原理

以单相电容异步电动机为例进行说明：

（1）在电动机定子铁心上嵌放两套对称绕组：主绕组 LZ（又称工作绕组）和副绕组 LF（又称启动绕组）。

（2）在启动绕组 LF 中串入电容器,再与工作绕组并联,接在单相交流电源上,经电容器分相后,产生两相相位相差 90°的交流电,如图 5-11(a)所示。

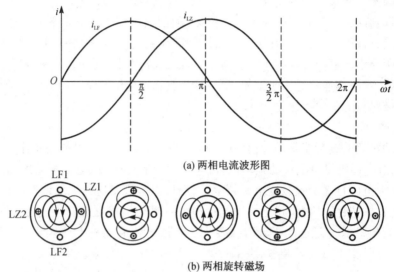

(a) 两相电流波形图

(b) 两相旋转磁场

图 5-11　两相旋转磁场的形成

（3）与三相电流产生旋转磁场一样,两相电流也能产生旋转磁场,如图 5-11(b)所示。

① 旋转磁场的转速 $= 60f/p$。

② 旋转磁场的方向。任意改变工作绕组或启动绕组的首端、末端与电源的接线,或将电容器从一组绕组中改接至另一组绕组(只适用于单相电容运行式异步电动机),即可改变旋转磁场的转向。

（4）转子在旋转磁场中感应出电流。

（5）感应电流与旋转磁场相互作用,产生电磁力。电磁力作用在转子上,将产生电磁转矩,并驱动转子沿旋转磁场方向异步转动。

单相电容运行式异步电动机的工作电路图如图 5-12 所示。

单相罩极异步电动机是单相异步电动机中结构最简单的一种,如图 5-13 所示,具有坚固可靠、成本低廉、运行时噪声微弱和干扰小等优点,一般用于空载启动的小功率场合,如电扇、仪器用电动机、电动模型及鼓风机等。

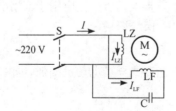

图 5-12　单相电容运行式异步电动机的工作电路图

图 5-13　单相罩极异步电动机的结构

单相罩极异步电动机的工作原理:对罩极电动机励磁绕组通入单相交流电时,在励磁绕组与短路铜环的共同作用下,磁极之间形成一个连续移动的磁场,就像旋转磁场一样,从而使笼式转子受力而旋转。

二、直流电机

直流电机既可作为直流电动机也可作为直流发电机。与异步电动机比较,直流电动机结构复杂,使用维修较麻烦,价格较高;但直流电动机具有良好的启动性能,且能在宽广的范围内平滑而经济地调节速度。因此,直流电动机在启动和调速要求较高的机械上广泛地使用。

直流电机按励磁方式分为他励式、并励式、串励式和复励式四种。

1. 他励式直流电机

如图 5-14 所示,他励式直流电机的励磁绕组与电枢绕组,分别由两个不相关的直流电源供电。

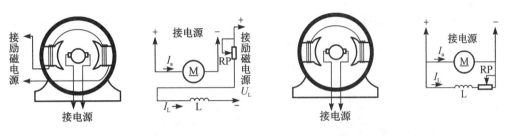

图 5-14　他励式直流电机　　　　　图 5-15　并励式直流电机

2. 并励式直流电机

如图 5-15 所示,并励式直流电机的励磁绕组与电枢绕组并联,由同一个直流电源供电。

3. 串励式直流电机

如图 5-16 所示,串励式直流电机的励磁绕组与电枢绕组串联,由同一个直流电源供电,流过励磁绕组和电枢绕组的电流相等。

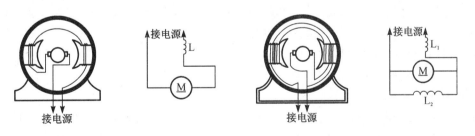

图 5-16　串励式直流电机　　　　　图 5-17　复励式直流电机

4. 复励式直流电机

如图 5-17 所示,复励式直流电机有两个励磁绕组,一个与电枢绕组并联,另一个与电枢绕组串联,由同一个直流电源供电。

三、同步电动机

异步电动机的转子转速始终小于同步转速。在交流电动机中,有一种电动机的转子转速始终等于同步转速,这类电动机称为同步电动机。同步电动机在许多需要恒速运转的自动控制装置中得到了广泛应用。大功率的同步电动机多用于不需要调速且功率较大的场合,如驱动大型的空气压缩机、球磨机、鼓风机和水泵等;而在自动控制装置中,应用广泛的是小型同步电动机,如驱动仪器仪表中的走纸、打印记录机构、电钟、电唱机、录音机、录像机、磁带机、电影摄影机、放映机、无线电传真机等,这些设备都要求转速恒定不变。

下面以磁阻式同步电动机为例来介绍同步电机的工作原理:

1. 磁阻式同步电动机的结构

图 5-18 所示是单相磁阻式同步电动机的外形。其内部结构由定子和转子两大部分组成,其定子铁心由带有齿和槽的硅钢片叠成,槽中嵌有与异步电动机相同的三相绕组或两相绕组。转子通常制成凸极结构,没有励磁绕组,用软磁材料和非磁性材料拼镶而成,直轴方向的磁阻小于交轴方向的磁阻,如图 5-19 所示。

图 5-18 单相磁阻式同步电动机外形

2. 磁阻式同步电动机的工作原理

(1)三相绕组或两相绕组中通入交流电,气隙中产生一个以同步速度旋转的旋转磁场,如图 5-20 所示。

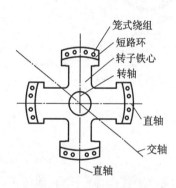

图 5-19 磁阻式同步电动机的结构

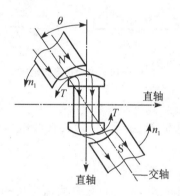

图 5-20 磁阻式同步电动机工作原理示意图

(2)在某一瞬间,旋转磁场的轴线与直轴错开一个角,由于磁力线力求沿磁阻最小的路径(直轴方向)延伸,因而磁力线被迫发生扭曲。

(3)被拉长的磁力线力图收缩,其拉力沿转子表面产生切向力,结果使转子受到电磁力矩的作用,转子将随旋转磁场以同步速度旋转。

3. 磁阻式同步电动机的启动方法

因为磁阻式同步电动机启动困难,所以转子中装有笼式绕组,采用异步启动,如图 5-21 所示。

此外还有永磁式、磁滞式同步电机,其工作原理可参照相关的电机教材。同步电动机的运行是一种重要的运行方式。同步电动机接于频率一定的电网上运行,其转速恒定,不会随负载变动而变动。另外,同步电动机的功率因数可以调节,在需要改变功率因数和不需要调速的场合,例如大型空气压缩机、粉碎机、离心泵等,常优先采用同步电动机。

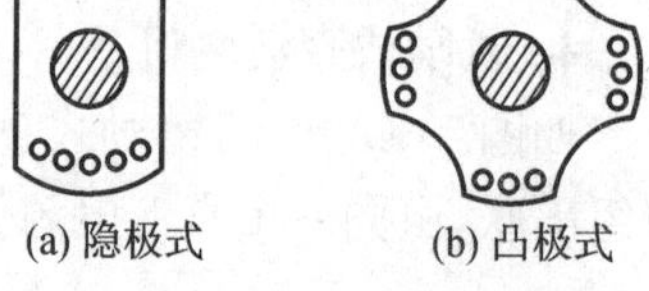

笼式绕组

(a) 隐极式　　(b) 凸极式

图 5-21 磁阻式同步电动机笼式绕组

但是同步电动机亦有一些缺点,如起动性能较差,结构上较异步电动机复杂,还要有直流电源来励磁,价格比较贵,维护也较为复杂。

四、特种电机

在现代生产和科研领域,除广泛使用前文所述的普通电机外,一些小功率的特种电机在自动控制系统和计算装置中得到了越来越广泛的应用。特种电机的基本原理和普通电机相同,也是根据电磁感应的原理;但它们在结构、性能和用途等方面有很大差别。普通电机一般是作为驱动机,而特种电机的主要任务是转换和传送信号。常见特种电机有电磁调速异步电动机、伺服电动机、测速发电机、步进电动机和交磁电机扩大机等。

(一)电磁调速异步电动机

电磁调速异步电动机又称为滑差电动机,其特点是在异步电动机轴上装一个电磁转差离合器;控制电磁转差离合器励磁绕组中的电流,就可以调节离合器的输出转速。它有组合式和整体式两大类,如图 5-22 所示。整个滑差电动机系统由异步电动机、转差离合器和控制装置(测速发电机)三部分组成。三相异步电动机的结构前文已述;测速发电机用于测量转速信号,作为校正元件。这里重点介绍转差离合器的结构、原理和特点。

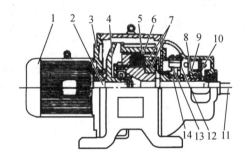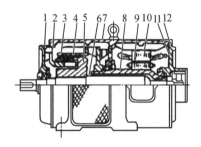

1—异步电动机　2—主动轴　3—法兰端盖　4—电枢
5—工作气隙　6—励磁绕组　7—磁极　8—测速发电机
9—测速机磁极　10—永久磁铁　11—输出轴
12—刷架　13—碳刷　14—集电环

(a)组合式

1—前端盖　2—托架　3—电枢
4—励磁绕组　5—磁极　6—主轴
7—机座　8—空心轴
11—测速发电机　12—后墙盖

(b)整体式

图 5-22　电磁调速异步电动机的结构

1. 转差离合器的结构

转差离合器的结构如图 5-23 所示,由主动部分和从动部分组成。

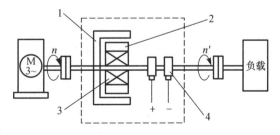

1—电枢　2—磁极　3—励磁绕组　4—电刷与集电环

图 5-23　转差离合器示意图

（1）主动部分。转差离合器的主动部分是电枢（外转子），它与异步电动机的转轴硬联接，并一起旋转。电枢用铁磁性材料做成，形状是圆筒形，有实心钢体和铝金杯形等结构。驱动动力既可以是绕线转子异步电动机，也可以是笼型异步电动机；笼型异步电动机既可以是单速的，也可以是多速的。

（2）从动部分。转差离合器的从动部分由励磁绕组、磁极、集电环和输出轴等组成。磁极（内转子）的结构有凸极式、爪式、感应式三种形式。

2. 转差离合器的工作原理

以结构较简单的爪形磁极、圆筒形钢体电枢组成的转差离合器为例进行说明。电枢由异步电动机带动旋转。如果没有通过电刷和集电环向磁极上的励磁绕组供电，从动部分不会旋转；如果通过电刷和集电环向磁极上的励磁绕组通入直流电流，磁极上即产生磁通，如图 5-24 所示。内圆上 N 极、S 极相互间隔，磁力线穿过电枢，电枢旋转使电枢中各点的磁通处于不断变化中，而电枢由实体铁磁性材料制成，所以会产生涡流；涡流又与磁通作用，产生转矩，转矩驱动输出轴，驱动负荷运行。从动部分的转速 n' 必然小于主动部分的转速 n；如果电枢与磁极没有相对转速，电枢不会感生涡流，也不会有转矩。这与异步电动机的工作原理极为相似。其区别在于：异步电动机的旋转磁场是由三相交流电产生的，而转差离合器的磁场是由直流电产生的，由于电枢旋转，使磁极的磁场起到切割电枢的作用。改变磁极励磁绕组中励磁直流电流的大小，会改变电枢中涡流的大小，就可调节转差离合器的输出转矩和转速。励磁电流越大，输出转矩越大，在一定负载下，输出转速也越高。

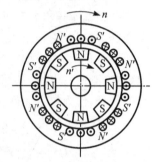

图 5-24 转差离合器的工作原理

3. 电磁调速异步电动机的机械特性

电磁调速异步电动机的机械特性取决于转差离合器，它与笼型异步电动机的定子调速特性有相似之处。要得到较大的调速范围，提高调速的平滑性，须引入负反馈使系统形成一个闭环。

（二）伺服电动机

伺服电动机的作用是将输入的电信号转换成电机轴的转速输出。在自动控制系统中，伺服电动机常作为执行元件使用。按其使用的电源不同，伺服电动机分为交流伺服电动机和直流伺服电动机。

1. 交流伺服电动机

（1）交流伺服电动机的结构。图 5-25 所示是一台交流伺服电动机的外形图，它实质上是一种微型交流异步电动机。其内部结构与单相电容运行式异步电动机相似，也由定子和转子两部分组成，如图 5-26 所示。

定子有内、外两个铁心，均用硅钢片叠成。在外定子铁心的圆周装有两个对称绕组，一个称为励磁绕组，另一个称为控制绕组，两绕组在空间相差 90°。励磁绕组与交流电源相连，控制绕组接输入信号电压，所以交流伺服电动机又称两相伺服电动机。转子采用空心杯子，细而长，其电阻比一般异步电动机大得多，装在内、外定子之间，由铝或铝合金的非磁性金属制成，壁厚约 0.2～0.8 mm，用转子支架装在转轴上，惯性小，能极迅速和灵敏地启动、旋转和停止。

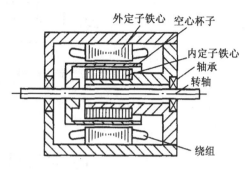

图 5-25　交流伺服电动机　　　　图 5-26　交流伺服电动机的结构

（2）交流伺服电动机的工作原理。交流伺服电动机的工作原理和单相电容运转式异步电动机相似,如图 5-27 所示。在没有控制信号时,定子内只有励磁绕组产生的脉动磁场,转子上没有电磁转矩作用而静止不动;有控制电压时,定子在气隙间产生一个旋转磁场,并产生电磁转矩,使转子沿旋转磁场的方向旋转。负载一定时,控制电压越高,转速也越高。

2. 直流伺服电动机

（1）直流伺服电动机的结构。直流伺服电动机实质上是一台他励式直流电动机,其结构与一般直流电动机基本相同;但气隙比较小,电枢比较细长,转动惯量小。该机的换向性能较好,不需换向极。信号电压一般加在电枢绕组两端,即电枢控制。

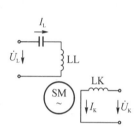

图 5-27　交流伺服电动机的工作原理

（2）直流伺服电动机的工作原理。直流伺服电动机的工作原理与他励式直流电动机相同,如图 5-28 所示。定子上的励磁绕组通入直流电,控制信号加在电枢绕组上,没有控制信号时,电枢不受力,无转动现象;有控制信号时,电枢受力转动,电枢转动速度与控制信号的大小成正比。

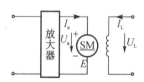

图 5-28　直流伺服电动机的工作原理

（三）测速发电机

测速发电机是一种能将旋转机械的转速变换成电压信号输出的小型发电机,在自动控制中,常作为测速元件、校正元件,广泛应用于闭环直流和交流调速控制系统中。测速发电机分为交流测速发电机和直流测速发电机。

（四）步进电动机

步进电动机是一种将电脉冲信号变换成角位移或直线位移的执行元件,其运行特点是:每输入一个电脉冲,步进电动机就转动一个角度或前进一步。因此,步进电机又称脉冲电动机。

步进电动机的驱动电源驱动电源的基本部分由变频信号源、脉冲分配器和功率放大器三部分组成,其原理方框图如图 5-29 所示。

变频信号源即脉冲信号发生电路,完成步进电动机控制的各种脉冲信号,产生基准频率信号供给脉冲分配电路,脉冲分配电路功率放大电路对脉冲分配电路输出的控制信号进行

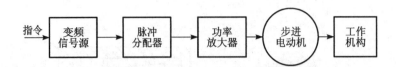

图 5-29　步进电动机的驱动电源

放大,驱动步进电动机的各相绕组,使步进电动机转动。

思考与练习

5-1　如何改变三相异步电动机的旋转方向?

5-2　简述异步电动机的启动特点及启动方法。

5-3　简述单相电容异步电动机的基本工作原理。

5-4　简述直流电机的分类、特点及应用范围。

5-5　简述同步电动机的特点及应用范围。

5-6　简述交流伺服电动机和直流伺服电动机的工作原理,说明伺服电动机的工作特点及应用范围。

5-7　画出三相交流电动机的单向运行控制电路(起停控制电路),并分析其原理。

5-8　画出三相异步电动机的正、反转控制电路,并分析其原理。

第六章 纺织设备基本电控装置

第一节 继电接触器控制

一、常用的低压电路元件

（一）刀开关

刀开关是最简单的手动控制电器，又称为闸刀开关。在低压电路中，常用的刀开关是
HK 系列，H 代表刀开关，K 表示开启式。它由瓷底板、刀座、刀片和胶盖等部分组成。胶盖用来熄灭切断电源时产生的电弧，保证操作人员的安全。按刀开关极数的不同，有双刀（用于直流和单相交流电路）和三刀（用于三相交流电路）之分。图 6-1(a)所示 HK 系列刀开关外形图。它在电路图中的符号如图 6-1(b)所示。

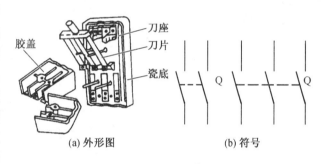

(a) 外形图   (b) 符号

图 6-1 刀开关

（二）组合开关

组合开关又称转换开关，它有多对动触片和静触片，分别装在由绝缘材料隔开的胶木盒内。其静触片固定在绝缘垫板上；动触片套装在有手柄的绝缘转动轴上，转动手柄就可改变触片的通断位置，达到接通或断开电路的目的。组合开关的种类很多，常用的是 HZ10 系列，H 代表刀开关，Z 表示组合式。图 6-2 所示是一种 HZ10 型组合开关的外形、结构图及符号，转动手柄可以将三对触片（彼此相差一定角度）同时接通或断开。

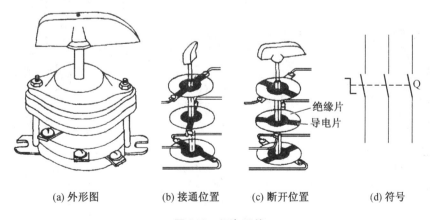

(a) 外形图   (b) 接通位置   (c) 断开位置   (d) 符号

图 6-2 组合开关

组合开关的优点是结构紧凑、操作方便,常用作电源引入开关,也可以用来控制小容量电动机的起动、停止或用在局部照明电路中。

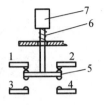

（三）按钮

按钮是一种手动且可以自动复位的主令电器,其结构简单、控制方便,在低压控制电路中得到广泛应用。

1. 按钮的结构和种类

按钮由按钮帽、复位弹簧、桥式触点和外壳等组成,其结构如图6-3所示。触点采用桥式触点,触点额定电流为 5 A 以下,分常开触点(动断触点)、常闭触点(动合触点)两种。在外力作用下,常闭触点先断开,常开触点后闭合;复位时,常开触点先断开,常闭触点后闭合。

1, 2—常闭触点
3, 4—常开触点
5—桥式触点
6—复位弹簧
7—按钮帽

图 6-3　按钮结构示意图

按用途和结构不同,按钮分为启动按钮、停止按钮和复合按钮等。按使用场合和作用不同,通常将按钮帽制成红、绿、黑、黄、蓝白、灰等颜色。

2. 按钮的电气符号

按钮的图形符号和文字符号见图6-4。

SB	SB	SB
常开触点	常闭触点	复合式触点

图 6-4　按钮的电气符号

（四）位置开关

位置开关又名限位开关或行程开关。它的种类很多:按运动形式可分为直动式、转动式、微动式;按触点性质可分为有触点式和无触点式。

1. 行程开关

行程开关主要用于检测工作机械的位置,发出命令,以控制其运动方向或行程。图6-5所示为行程开关的结构示意图。它主要由操作机构、触点系统和外壳等组成。

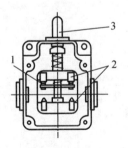

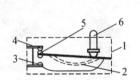

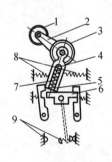

1—动触点　2—静触点
3—推杆

（a）直动式行程开关

1—壳体　2—弓簧片
3—常开触点　4—常闭触点
5—动触点　6—推杆

（b）微动式行程开关

1—滚轮　2—上转臂　3—弓形弹簧
4—推杆　5—小滚轮　6—擒纵件
7, 8—弹簧　9—动、静触点

（c）滚轮旅转式行程开关

图 6-5　行程开关的结构示意图

行程开关的工作原理和按钮相同,区别在于不靠手的按压,而是利用生产机械运动部件的挡铁碰压使触点动作。

2. 接近开关

接近开关又称无触点行程开关,当运动的金属片与开关接近到一定距离时发出接近信号,以不直接接触方式进行控制。接近开关不仅用于行程控制、限位保护等,还可用于高速计数、测速、检测零件尺寸、液面控制、检测金属体存在等。按工作原理分,接近开关有高频振荡型、电容型、电磁感应型、永磁型与磁敏元件型等;其中以电感式高频振荡型最常用。

3. 位置开关的电气符号

行程开关及接近开关的图形符号及文字符号如图6-6所示。

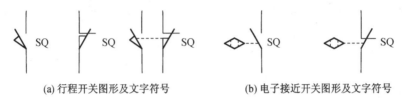

(a) 行程开关图形及文字符号　　(b) 电子接近开关图形及文字符号

图6-6　位置开关的电气符号

(五)接触器

接触器是利用电磁吸力使触头闭合或断开的自动开关。它不仅可用来频繁地接通或断开带有负载的电路,而且能实现远距离控制,还具有失压保护的功能。接触器常用来作为电动机的电源开关,是自动控制的重要电器。图6-7中,(a)为交流接触器的外形图,(b)为结构示意图。它主要由铁心线圈和触头组成,线圈装在固定不动的静铁心(下铁心)上,动铁心(上铁心)则和若干个动触头联在一起。当铁心线圈通电时,产生电磁吸力,将动铁心吸合,并带动触头向下运动,使常开触头闭合,常闭触头断开;当线圈断电时,磁力消失,在反作用弹簧的作用下,使动铁心释放,各触头回复原来的位置。

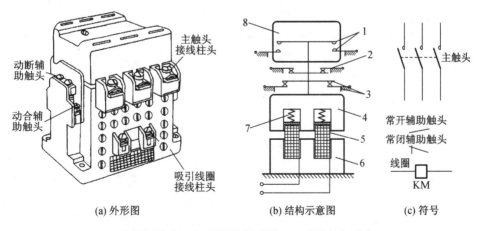

(a) 外形图　　　　　(b) 结构示意图　　　　(c) 符号

1—主触头(动合)　2—辅助触头(动断)　3—辅助触头(动合)
4—可动衔铁　5—吸引线圈　6—固定铁芯　7—弹簧　8—灭弧罩

图6-7　交流接触器

接触器的触头有主触头和辅助触头之分:主触头的接触面积较大,并有灭弧装置,可以

通/断较大的电流,常用来控制电动机的主电路;辅助触头的额定电流较小(一般不超过5
A),常用来通/断控制电路。一般每台接触器有三对(或四对)主触头和数对辅助触头。接
触器有交流和直流之分。我国统一设计和常用的交流接触器是 CJ10 和 CJ20 系列,C 代表
接触器,J 表示交流。其吸引线圈的额定电压有 36 V、110 V、127 V、220 V 和 380 V 五个
等级,主触头的额定电流有 5 A、10 A、20 A、40 A、60 A、100 A 和 150 A 等。选择交流接
触器时,应使主触头的额定电流大于所控制的电动机的额定电流,同时还应考虑吸引线圈额
定电压的大小和类型,以及辅助触头的数量是否满足需要。接触器的符号见图 6-7(c)。

(六)继电器

1. 继电器概况

继电器是一种根据电气量(电压、电流等)或非电气量(温度、压力、转速、时间等)的变
化,接通或断开控制电路的自动切换电器。继电器的种类繁多,应用广泛:按输入信号不同,
分为电压继电器、电流继电器、时间继电器、温度继电器、速度继电器、压力继电器等;按工作
原理不同,可分为电磁式继电器、感应式继电器、电动式继电器、热继电器和电子式继电器
等;按用途不同,可分为控制继电器、保护继电器等;按动作时间不同,可分为瞬时继电器、延
时继电器等。

电磁式继电器结构简单、价格低廉、使用维护方便,广泛地应用于控制系统中。常用的
电磁式继电器有电压继电器、电流继电器、中间继电器等。

电磁式继电器的结构和工作原理与接触器相似,即感受机构是电磁系统、执行机构是触
点系统。它主要用于控制电路,触点容量小,触点数量多,且无主、辅之分,无灭弧装置,体积
小,动作迅速、准确,控制灵敏、可靠。

电流继电器是根据输入电流大小而发生动作的继电器。电流继电器的线圈串入电路
中,以反映电路电流的变化,其线圈匝数少、导线粗、阻抗小。按用途不同,电流继电器可分
为欠电流继电器、过电流继电器。电压继电器是根据输入电压大小而发生动作的继电器。
与电流继电器类似,电压继电器也分为欠电压继电器、过电压继电器。中间继电器实质上是
一种电压继电器,触点对数多,触点容量较大(额定电流 5~10 A),其作用是将一个输入信
号变成多个输出信号或将信号放大(即增大触点容量),起到信号中转的作用。中间继电器
体积小、动作灵敏度高,在 10 A 以下的电路中可代替接触器起控制作用。

2. 继电器的电气符号

电磁式继电器图形符号和文字符号见图 6-8。

继电器线圈一般符号　　过(欠)电流继电器线圈符号　　过(欠)电压继电器线圈符号　　继电器触点符号

图 6-8　继电器的电气符号

(七)热继电器

热继电器(图 6-9)是利用电流的热效应原理来切断电路的保护电器。电动机在运行中
常会遇到过载情况,但只要过载不严重,绕组不超过允许温升,这种过载是允许的。但如果
过载情况严重,时间长,则会加速电动机绝缘、老化,甚至烧毁电动机。热继电器是专门用来

对连续运行的电动机实现过载及断相保护,以防止电动机
因过热而烧毁的一种保护电器。

1. 热继电器的结构及工作原理

热继电器是由热元件、双金属片和触点组成的。热元
件由发热电阻丝制成。双金属片作为热继电器的感受机
构,由两种热膨胀系数不同的金属辗压而成。当双金属片
受热膨胀时,会产生弯曲变形。在实际应用中,把热元件
串接于电动机的主电路中,常闭触点串接于电动机控制电
路中。电动机正常运行时所产生的热量,使双金属片弯曲
变形的程度不足以使热继电器触点发生动作。当电动机
过载时,双金属片弯曲位移增大,推动导板,使常闭触点断
开,切断电动机控制回路,从而实现对电动机的过载保护。
热继电器发生动作后,经一段时间冷却,自动复位或经手

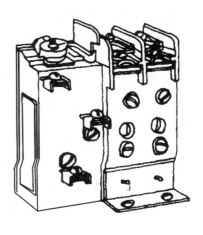

图 6-9　热继电器外形图

动复位。其动作电流的调节可通过旋转凸轮旋钮至不同位置来实现。在三相异步电动机的
电路中,一般采用两相结构的热继电器(即在两相主电路中串接热元件);在特殊情况下,没
有串接热元件的一相有可能过载(如三相电源严重不平衡、电动机绕组内部短路等故障),则
热继电器不动作,此时需采用三相结构的热继电器。

2. 热继电器的电气符号

热继电器的图形符号及文字符号如图 6-10 所示。

发热元件　　　　　　常闭触点

图 6-10　热继电器电气符号

（八）速度继电器

速度继电器也是根据电磁感应原理制成的,主要用
于笼型异步电动机的反接制动,故又称为反接制动继电
器。图 6-11 上半部分为速度继电器的原理图。速度继
电器主要由转子、定子和触点三部分组成。转子是一个
圆柱形永久磁铁;定子是一个笼型空圆环,由硅钢片叠
成,其中装有笼型绕组转子,与电动机同轴相联,用于感
受转动信号。当转子随被控电动机旋转时,永久磁铁形
成旋转磁场,定子中的笼型绕组切割磁场,产生感应电
动势、感应电流,并在磁场作用下产生电磁转矩,使定子
随转子旋转方向转动。当定子随转子转动一定角度时,
定子的转动经杠杆作用使相应的触点动作,并在杠杆推
动触点动作的同时,压缩反力弹簧,其反作用力阻止定
子转动。当电动机转速减小时,电磁转矩随之下降,当

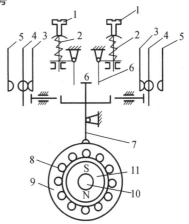

1—螺钉　2—反力弹簧　3—常闭触点
4—动触点　5—常开触点　6—返回杠杆
7—杠杆　8—定子导体　9—定子
10—转轴　11—转子

图 6-11　速度继电器结构和原理图

电磁转矩小于反力弹簧的反作用力时,定子返回原来位置,对应触点恢复原状。调节螺钉的位置,可调节反力弹簧的反作用力,从而调节触点动作所需转子转速。

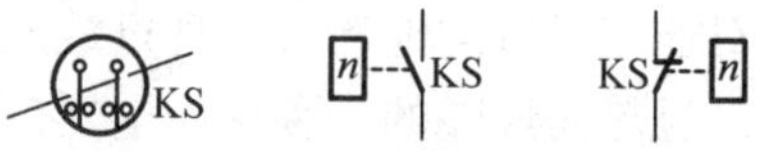

(a) 转子　(b) 常开触点　(c) 常闭触点

图 6-12　速度继电器的电气符号

速度继电器的电气符号如图 6-12 所示。

（九）固态继电器

固态继电器是一种新型无触点继电器。它是随着微电子技术的不断发展而产生的以弱控强的新型电子器件,同时又为强、弱电之间提供良好的隔离,从而确保电子电路和人身的安全。固态继电器为四端器件,其中两个为输入端,两个为输出端,中间采用隔离元件,实现输入、输出的电隔离。固态继电器的种类较多:按负载电源类型不同,分为直流型、交流型固态继电器;其中,直流型以晶体管作为开关元件,交流型则以晶闸管作为开关元件。按隔离方式不同,可分为光电耦合隔离、磁隔离固态继电器。按控制触发信号不同,可分为过零型和非过零型,以及有源触发型和无源触发型固态继电器。

固态继电器的输入电压、电流均不大,但能控制强电压、大电流电路。它与晶体管、TTL、CMOS 电子线路有较好的兼容性,可直接与弱电控制回路(如计算机接口电路)联接。

除前面介绍的几种继电器外,还有干簧继电器、自动控制用小型继电器、相序继电器、温度继电器、压力继电器、综合继电器等,在此不一一介绍。

（十）熔断器

熔断器是低压配电系统和电力拖动系统中起过载和短路保护作用的电器。使用时,熔体串接于被保护的电路中,当流过熔断器的电流大于规定值时,以其自身产生的热量使熔体熔断,从而自动切断电路,实现过载和短路保护。熔断器具有结构简单、体积小、质量轻、使用维护方便、价格低廉、分断能力较高、限流能力良好等优点,因此在强电系统和弱电系统中都得到了广泛应用。

1. 熔断器的结构、原理及分类

熔断器由熔体和安装熔体的绝缘底座(或称熔管)组成。熔体由易熔金属材料如铅、锌、锡、铜、银及其合金制成,形状常为丝状或网状。由铅锡合金和锌等低熔点金属制成的熔体,因不易灭弧,多用于小电流电路;由铜、银等高熔点金属制成的熔体,易于灭弧,多用于大电流电路。熔断器串接于被保护电路中,电流通过熔体时产生的热量与电流平方和电流通过的时间成正比,电流越大,则熔体熔断时间越短。这种特性称为熔断器的保护特性,表 6-1 所示为熔断时间与电流成反时限特性。

表 6-1　熔断时间与电流成反时限特性

熔断电流	$(1.25 \sim 1.30)I_N$	$1.6I_N$	$2I_N$	$2.5I_N$	$3I_N$	$4I_N$	$8I_N$
熔断时间	∞	1 h	40 s	8 s	4.5 s	2.5 s	1 s

熔断器的种类很多,按结构分为开启式、半封闭式和封闭式,按有无填料分为有填料式、无填料式,按用途分为工业用熔断器、保护半导体器件熔断器和自复式熔断器等。

2. 熔断器的主要技术参数

熔断器的主要技术参数包括额定电压、熔体额定电流、熔断器额定电流、极限分断能力等。

(1) 额定电压。指保证熔断器能长期正常工作的电压,其值一般等于或大于电气设备的额定电压。

（2）熔体额定电流。指熔体长期通过而不会熔断的电流。

（3）熔断器额定电流。指保证熔断器（绝缘底座）能长期正常工作的电流。实际应用中，厂家为了减少熔断器额定电流的规格，额定电流等级比较少，而熔体的额定电流等级较多。应该注意的是，使用过程中，熔断器的额定电流应大于或等于所装熔体的额定电流。

（4）极限分断能力。指熔断器在额定电压下能断开的最大短路电流。电路中出现的最大电流一般指短路电流值。所以，极限分断能力反映了熔断器分断短路电流的能力。

3.　常用熔断器

（1）插入式熔断器。插入式熔断器如图6-13所示，主要用于低压分支电路的短路保护，因其分断能力较小，多用于照明电路。

（2）螺旋式熔断器。螺旋式熔断器如图6-14所示，常用产品有R26、R27、RZSZ等系列。该系列产品的熔管内装有石英砂，用于熄灭电弧，分断能力强。熔体上的上端盖有一熔断指示器，一旦熔体熔断，指示器马上弹出，可透过瓷帽上的玻璃孔观察到。

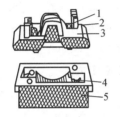 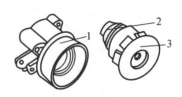

图6-13　插入式熔断器　　　　图6-14　螺旋式熔断器

（3）封闭管式熔断器。封闭管式熔断器分为无填料管式、有填料管式和快速熔断器三种（图6-15）。

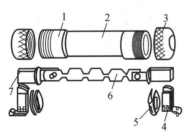 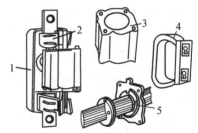

1—钢圈　2—熔断管　3—钢管　4—插座　　　　　1—瓷底座　2—弹簧片　3—管体
5—特殊垫圈　6—熔体　7—熔片　　　　　　　　4—绝缘手柄　5—熔体

（a）无填料密闭式熔断器　　　　　　　　（b）有填料密闭管式熔断器

图6-15　封闭管式熔断器

（4）新型熔断器。

① 自复式熔断器：它是一种新型熔断器，是用金属钠作为熔体，在常温下具有高电导率，允许通过正常工作电流。当电路发生短路故障时，短路电流产生高温，使金属钠迅速气化，气态钠呈现高阻态，从而限制短路电流；当故障消除后，温度下降，金属钠重新固化，恢复其良好的导电性。其优点是不必更换熔体，能重复使用，但由于只能限流而不能切断故障电路，一般不单独使用，均与断路器配合使用。常用产品有EZ系列。

② 高分断能力熔断器:随着电网的供电容量不断增加,要求熔断器的性能更好。根据德国 AGC 公司制造技术标准生产的 NT 型系列产品,为低压高分断能力熔断器,额定电压为 660 V,额定电流为 1 000 A,分断能力高达 120 kA,适用于工业电气设备、配电装置的过载和短路保护。NT 型熔断器规格齐全,具有功率损耗小、性能稳定、限流性能好、体积小等特点。它也可以作为导线的过载和短路保护。

另外,从该公司引进生产的 NGT 型熔断器为快速熔断器,可作为半导体器件保护。

4. 熔断器的电气符号

熔断器的文字符号用 FU 表示,图形符号如下:

熔断器的选择主要是选择熔断器类型、额定电压、熔断器额定电流及熔体的额定电流等。非电气专业人员不得随意更换。

（十一）自动空气开关

自动空气开关又称自动空气断路器,简称自动开关,是常用的一种低压保护电器。在电路发生短路、严重过载及电压过低等故障时,能自动切断电路。它与熔断器配合,是低压设备和线路保护的一种最基本的手段。自动空气开关的特点是动作后不需要更换元件,电流值可随时整定,工作可靠,运行安全,断流能力大,安装使用方便。

自动空气开关的主要组成部分是触点系统、灭弧装置、机械传动机构和保护装置等。图6-16 为装有(电磁)脱扣器(即保护装置)的自动空气开关结构原理图。主触点靠操作机构(手动或电动)闭合。开关的自由脱扣机构是一套连杆装置,有过流脱扣器和欠压脱扣器等,它们都是电磁铁,当主触点闭合后就被锁钩锁住。过流脱扣器在正常运行时,其衔铁是释放的,一旦发生严重过载或短路故障时,与主电路串联的线圈电流过大而产生较强的电磁吸力,把衔铁往下吸而顶开锁钩,使主触点断开,起到过流保护作用。欠压脱扣器的工作恰恰相反,当电路电压正常时,并在电路中的励磁线圈产生足够强的电磁力,将衔铁吸住,使料杆与脱扣机构脱离,主触点得以闭合。若失压(电压严重下降或断电),其吸力减小或完全消失,衔铁就被释放,使主触点断开。当电源电压恢复正常时,必须重新合闸才

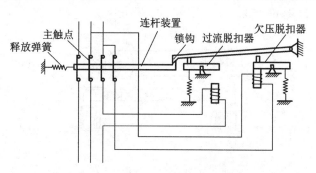

图 6-16　自动空气开关结构原理图

能工作,实现失压保护。自动空气开关的种类繁多,可按用途、结构形式、极数、限流性能、操作方式分为多种。自动空气开关需根据保护电路的保护特性选择类型,根据被保护电路的电压和电流选择额定电压和额定电流,根据被保护电路所要求的保护方式选择脱扣器种类,同时还需考虑脱扣器的额定电流等。

二、简单的继电控制

三相异步电动机的基本控制电路用接触器和按钮来控制电动机的起停。用热继电器作

为电动机的过载保护,这就是继电接触器控制的最基本电路。工业用生产机械,其动作是多种多样的,因此,继电接触器控制电路也是多种多样的。但是,各种控制电路均是在基本电路的基础上,根据生产机械要求,适当增加一些电气设备。

生产中常遇到的一些环节的基本电路有:点动控制、单向运行控制、电动机正/反转互锁控制、负载的多地控制、行程控制、时间控制等。这些控制环节也称为典型控制环节。一台比较复杂的设备,它的控制电路常包括几个典型环节。因此掌握这些典型环节,对阅读、应用和设计控制电路是至关重要的。下面分别介绍这几个基本环节:

(一)直接起动控制电路

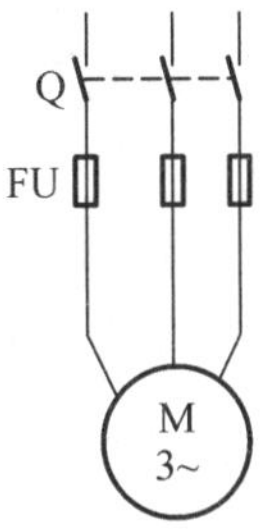

最简单的直接起动控制电路是用刀开关 Q 进行控制,如图 6-17 所示。其电源的接通和断开是通过人们操作刀开关来实现的。电路中的熔断器 FU 用作短路保护,它不能用作过载保护。如车间中的三相电风扇、砂轮机等常用这种控制电路。本电路有一个致命弱点,就是无法实现遥控和自控。当然可用组合开关来替代刀开关。

图 6-17　直接起动
控制电路

(二)点动控制电路

图 6-18 为带有灭弧装置的交流接触器控制电路。主电路由刀开关 Q、熔断器 FU、交流接触器 KM、主触点及电动机定子绕组组成。控制电路由按钮 SB 和接触器 KM 线圈组成。动作过程是:合刀开关 Q,接通三相电流,按下按钮 SB,交流接触器 KM 线圈通电,接触器衔铁被吸,使 KM 动合,主触点闭合,电动机接通电源,起动运转。松开按钮 SB,接触器 KM 线圈失电,主触点恢复到动合状态(复位),电动机因失电而停转。凸可见电动机的起/停全靠按钮,按下按钮就转,松开按钮就停,所以叫点动。主电路中,刀开关起隔离电源的作用,由于控制电路不完整,所以无法实现遥控和自控。

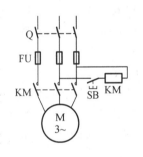

图 6-18　交流接触器
控制电路

点动环节在工业生产中应用很多,如电动葫芦、机床工作台的上下移动等。

(三)单向运行控制电路(起停控制电路)

单向运行控制电路是在点动控制电路的基础上,在控制回路中串联一个停止按钮 SB_{stp} 和一个热继电器 FR 的动断触点,并在起动按钮(即点动控制电路的按钮 SB_{st})两端并联一个接触线圈的动合辅助触点 KM,在主回路的两相串联热继电器 FR 的发热元件,如图 6-19 所示。起动按钮 SB_{st} 两端的 KM 动合辅助触点起自锁(自保待)作用,当按下起动按钮 SB_{st} 使接触器线圈通电,此辅助触点闭合,即使松开按钮,仍保持线圈持续通电,电动机继续运转。如要停车,只需按停止按钮,使接触器线圈断电,电动机即停转,同时解除自锁。由于常态时,SB_{stp} 是闭合的,故不影响起动和运转。

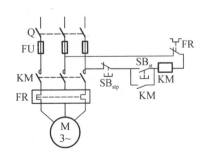

图 6-19　单向运行控制电路

起动过程如下:

先合上电源开关 Q,然后按 SB_{st},交流接触器线圈 KM 通电,KM 主触点闭合,电动机运转,同时 KM 辅助触点闭合自锁。停车过程如下:按 SB_{stp},接触器线圈断电 KM 主触点断开,电动机停转,同时 KM 辅助触点断开,解除自锁。为使电动机运行安全可靠,电路中还采用短路、过载及失压保护。短路保护靠熔断器 FU,它串联在主电路中,电路一旦发生短路故障,熔体熔断,使电动机脱离电源。过载保护靠热继电器 FR。长时间过载使双金属片过热,热继电器 FR 动作,FR 的动断触点断开而切断控制电路电源,电动机停转;同时 KM 辅助触点断开,解除自锁。故障排除后欲重新起动,需按下 FR 的复位按钮,使 FR 的动断触点复位(闭合)即可。失压保护靠接触器本身,当电压降至工作电压的 85% 以下时,因接触器线圈的电磁吸力不足,衔铁自行释放,使主、辅触点自行复位,切断电源,电动机停转,同时解除自锁。

(四) 正/反转互锁控制电路

在生产过程中,很多生产机械的运行部件都需要正、反两个方向运动,如水闸的起、闭以及机床工作台的前进、后退等。由第五章可知,要使三相异步电动机正、反转,只要改变引入电动机的三相电源相序,即可用倒顺开关来实现异步电动机的正、反转,但不能实现遥控和自控。用两个接触器也能改变引入电动机的电源相序,如图 6-20 所示(图中只画出主电路)。若正转接触器 KM_F 工作(主触点闭合),电动机正转;反转接触器 KM_R 工作,则电动机反转。若两个接触器同时工作,则有两根电源线被主触点短接,所以对正、反转控制电路的最基本要求是两个接触器不能同时工作。因此要对两个接触器进行"互锁",当一个接触器工作时,要锁住另一个接触器,为此在正转接触器 KM_F 的线圈电路中串接一个反转接触器 KM_R 的一个动断辅助触点,而在反转接触器 KM_R 的线圈电路中串接一个正转接触器 KM_F 的一个动断辅助触点,如图 6-21(a)所示。这两个动断辅助触点称为互锁触点。

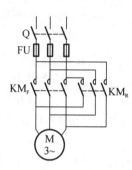

图 6-20　两个接触器使三相异步电动机正、反转

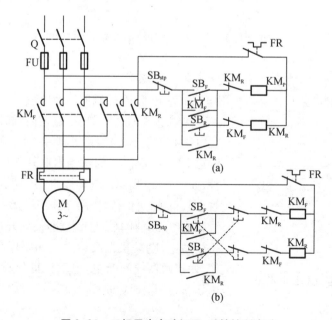

(a)

(b)

图 6-21　三相异步电动机正、反转控制电路

互锁控制电路的动作过程如下：

正转控制：先合电源刀开关 Q，再按正转按钮 SB_F，正转接触器 KM_F 线圈接通；然后：①KM_F 动合辅助触点闭合，实现自锁；②KM_F 主触点闭合，电动机正转；③KM_F 动断辅助触点断开，实现互锁（使反转接触器 KM_R 线圈回路处于开路状态）。

反转控制：先按停止按钮 SB_{STP}，使正转接触器 KM_F 线圈失电，主、辅触点复位，再按反转按钮接入，接通反转接触器 KM_R 线圈；然后：①KM_R 动合辅助触点闭合，实现自锁；②KM 主触点闭合，改变引入电动机的电源相序，电动机反转；③KM_R 动断辅助触点断开，实现互锁（使正转接触器 KM_F 线圈回路开路）。

在这种控制电路中，当电动机正转时要求反转，必须先按停止按钮，使 KM_R 线圈失电，KM_R 的动断辅助触点复位（重新闭合）；然后，再按反转起动按钮接入，才能使 KM_F 线圈得电，电动机才反转，显得不太方便。为此可采用复式按钮和接触器复合联接的正、反转控制电路，如图 6-21 所示。SB_F 和 SB_R 是两个复合按钮，它们各具有一对动合触点和一对动断触点。该电路具有按钮和接触器双联锁作用。按钮联锁是通过复合按钮实现的。图 6-21（b）中，联接按钮的虚线表示同一按钮互联动的触点。其中正转按钮 SB_F 的动合触点用来控制正转接触器 KM_F 线圈通电，动断触点串接在反转接触器 KM_R 线圈电路中，当按下 SB_F 接通正转控制回路的同时，断开它的动断触点，切断反转控制回路，保证 KM_R 线圈不会获电，实现机械联锁。接触器联锁与互锁控制电路不同，是通过两个动断辅助触点 KM_R 和 KM_R 分别串接在对方接触器线圈所在支路来实现的。

接触器联锁的动作过程如下：

先合上电源刀开关 Q 正转时，按下正转复合按钮 SB_F，KM_F 线圈接通，KM_F 主触点闭合，电动机正转。与此同时，动断触点和 KM 的联锁动断触点都断开，双双保证反转接触器 KM 线圈不会同时获电。如欲反转，只需直接按下反转复合按钮 SB_R，其动断触点先断开，使正转接触器 KM_R 线圈断电，KM 的主、辅触点复位，电动机停止正转。与此同时，三组动合触点闭合，使反转接触器 KM_R 线圈通电，KM_R 主触点闭合，电动机反转，串接在正转接触器 KM_F 线圈电路中的 KM 动断辅助触点断开，起互锁作用。

（五）行程控制电路

所谓行程控制就是根据生产机械运动部件的位置或行程距离来进行控制，如起重机械和某种机床的直线运动部件，当到达边缘位置时，就要求自动停止或往复运动。这种行程控制可利用行程开关来实现。当生产机械运行到某一规定位置时，通过行程开关转变为对电路的控制，以改变生产机械的状态。

图 6-22 是某生产机械行程控制示意图。该机械在电动机驱动下，沿基座在 A—B 范围内左右运动。电动机正转时，它向右边运动；电动机反转时，它向左边运动。电动机正、反转的主电路如图 6-21 所示。现在基座 A、B 处分别装设行程开关 SQ_A 和 SQ_B，在生产机械上装设撞块 A 和 B。如果只要求生产机械运动到 A 处或 B 处时自动停止，可采用图 6-23 所示控制电路。当电动机正转时，机械向右前进，到达 BQ 点，撞块 B 使行程开关 SQ_B 动作，串接在正转控制电路中的行程开关 SQ_B 的常闭触头断开，KM_1 线圈失电，电动机停转，生产机械也停止前进。当电动机反转，机械向左前进时，SQ_A 也起同样的作用。这称为限位行程控制。

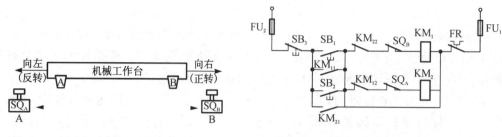

图 6-22　行程控制安装示意图　　　　　图 6-23　限位行程控制电路

如果要求生产机械在行程 A—B 范围内自动往返运动,只要采用两个行程开关的常开触头,并且 SQ_A 的常开触头与正转控制电路的起动按钮 SB_1 并联,SQ_B 的常开触头与反转控制电路的起动按钮 SB_2 并联。其控制电路如图 6-24 所示。

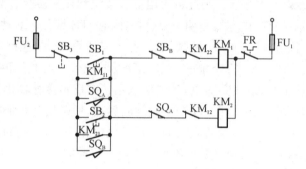

图 6-24　自动往返行程控制电路

第二节　可编程序控制器

在可编程序控制器问世之前,继电器接触器控制在工业控制领域占主导地位。由前文可知,继电器接触器控制系统是采用固定接线方式,由继电器或半导体元件实现控制逻辑。如果生产任务或工艺发生变化,必须重新设计,改变硬件结构,这样会造成时间和资金的浪费。另外,大型控制系统用继电器接触器控制,使用的继电器数量多,控制系统的体积庞大、耗电多,且继电器触点为机械触点,工作频率较低,在频繁动作情况下,寿命较短,易造成系统故障。

一、PLC 简介

美国数字设备公司(DEC)根据 GM 公司招标的技术要求,于 1969 年研制出世界上第一台可编程序控制器,并在 GM 公司的汽车自动装配线上试用,获得成功。其后,日本、德国等相继引入该技术,可编程序控制器由此迅速发展起来。在 20 世纪 70 年代初/中期,可编程序控制器虽然引入了计算机的优点,实际上只能完成顺序控制,仅有逻辑运算、定时、计数等控制功能。所以当时人们将可编程序控制器称为 PLC(Programmable Logical Controller)。随着微处理器技术的发展,20 世纪 70 年代末至 80 年代初,可编程序控制器的处理速度大大提高,增加了许多特殊功能,使得可编程序控制器不仅可以进行逻辑控制,而且可以对模拟量进行控制。80 年代以来,随着大规模和超大规模集成电路技术的迅猛发展,以16位和32位微处理器为核心的可编程序控制器得到迅速发展。这时的PLC具有高速计数、中断技术、PID调节和数据通信等功能,从而使PLC的应用范围和应用领域不断扩大。

PLC的发展初期,不同的开发制造商对PLC有不同的定义。为使这一工业控制装置的生产和发展规范化,国际电工委员会(IEC)于1985年1月制定了PLC的标准,并给它做了如下定义:

"可编程序控制器是一种数字运算操作的电子系统,专门为在工业环境下应用而设计。它采用可编程序的存储器,用来在其内部存储执行逻辑运算、顺序控制、定时、计数和算术运算等操作命令,并通过数字式、模拟式的输入和输出,控制各种类型的机械或生产过程。可编程序控制器及其有关的外部设备,都应按易于与工业控制系统联成一个整体,易于扩充其功能的原则而设计。"

PLC是综合继电器接触器控制的优点及计算机灵活、方便的优点而设计、制造、发展的。这使得PLC具有许多其他控制器无法相比的特点,一般来说,可以归纳为可靠性高、抗干扰能力强、通用性强、使用方便。

(1)可靠性高,抗干扰能力强。由PLC的定义可以知道,PLC是专门为工业环境下应用而设计的,因此人们在设计PLC时,从硬件和软件上都采取了抗干扰的措施,提高了其可靠性。

(2)通用性强,使用方便。PLC产品已系列化和模块化,PLC的开发制造商为用户提供了品种齐全的I/O模块和配套部件。用户在进行控制系统的设计时,不需要自己设计和制作硬件装置,只需根据控制要求进行模块的配置。用户所做的工作只是设计满足控制对象的控制要求的应用程序。对于一个控制系统,当控制要求改变时,只需修改程序,就能变更控制功能。

(3)采用模块化结构,使系统组合灵活方便。PLC的各个部件,均采用模块化设计,各模块之间可由机架和电缆联接。系统的功能和规模可根据用户的实际需求自行组合,使系统的性能价格更容易趋于合理。

(4)编程语言简单、易学,便于掌握。PLC是由继电器接触器控制系统发展而来的一种新型的工业自动化控制装置,主要的使用对象是广大的电气技术人员。PLC的开发制造商为了便于工程技术人员学习和掌握PLC的编程,采用了与继电器接触器控制原理相似的梯形图语言,易学、易懂。

(5)系统设计周期短。由于系统硬件的设计任务仅仅是根据对象的控制要求配置适当的模块,而不需要设计具体的接口电路,大大缩短了整个设计所花费的时间,加快了整个工程的进度。

(6)对生产工艺改变的适应能力强。PLC的核心部件是微处理器,它实质上是一种工业控制计算机,其控制功能是通过软件编程来实现的。当生产工艺发生变化时,不必改变PLC硬件设备,只需改变PLC中的程序。这对现代化的小批量、多品种产品的生产尤其适合。

(7)安装简单、调试方便、维护工作量小。PLC控制系统的安装接线工作量比继电器接触器控制系统少得多,只需将现场的各种设备与PLC相应的I/O端相连。PLC软件设计和调试大多可在实验室内进行,用模拟实验开关代替输入信号,其输出状态可以观察PLC

上的相应发光二极管,也可以另接输出模拟实验板。模拟调试后,再将 PLC 控制系统安装到现场,进行连机调试,既省时间又很方便。由于 PLC 本身的可靠性高,又有完善的自诊断能力,一旦发生故障,可以根据报警信息,迅速查明原因。如果是 PLC 自身故障,则可用更换模块的方法排除,既提高了维护的工作效率,又保证了生产的正常进行。

PLC 是以微处理器为核心,综合了计算机技术、自动控制技术和通信技术发展起来的一种通用的工业自动控制装置,具有可靠性高、体积小、功能强、程序设计简单、灵活通用、维护方便等一系列的优点,在冶金、能源、化工、交通、电力等领域有着广泛的应用,成为现代工业控制的三大支柱之一。根据 PLC 的特点,可以将其应用形式归纳为以下几种类型:

(1) 开关量逻辑控制。PLC 具有强大的逻辑运算能力,可以实现各种简单和复杂的逻辑控制。这是 PLC 最基本、最广泛的应用领域,它取代了传统的继电器接触器的控制。

(2) 模拟量控制。PLC 中配置有 A/D 和 D/A 转换模块。其中 A/D 模块能将现场的温度、压力、流量、速度等模拟量经过 A/D 转换变为数字,再经 PLC 中的微处理器处理(微处理器处理的是数字量)而进行控制,或者经 D/A 模块转换后变成模拟量而控制被控对象,从而实现 PLC 对模拟量的控制。

(3) 过程控制。现代大中型 PLC 一般都配备了 PID 控制模块,可进行闭环过程控制。当控制过程中某一个变量出现偏差时,PLC 能按照 PID 算法计算出正确的输出,以控制生产过程,把变量保持在整定值上。目前,许多小型 PLC 也具有 PID 功能。其定时和计数控制 PLC 具有很强的定时和计数功能,可以为用户提供几十甚至上百个、上千个定时器和计数器。其计时的时间和计数值可以由用户在编写用户程序时任意设定,也可以由操作人员在工业现场通过编程器进行设定,实现定时和计数的控制。如果用户需要对频率较高的信号进行计数,则可以选择高速计数模块。

(4) 顺序控制。在工业控制中,可采用 PLC 步进指令编程或用移位寄存器编程来实现顺序控制。

(5) 数据处理。现代 PLC 不仅能进行算术运算、数据传送、排序、查表等,还能进行数据比较、数据转换、数据通信、数据显示和打印等,具有很强的数据处理能力。

(6) 通信和联网。现代 PLC 一般都有通信功能,可以对远程 I/O 进行控制,又能实现 PLC 与 PLC、PLC 与计算机之间的通信,可以方便地进行分布式控制。

为了适应市场的各方面的需求,各生产厂家对 PLC 不断改进,推出功能更强、结构更完善的新产品。这些新产品总体来说,朝两个方向发展,一个是向超小型、专用化和低价格的方向发展,以进行单机控制;另一个是向大型、高速、多功能和分布式全自动网络化的方向发展,以适应现代化的大型工厂、企业自动化的需要。

二、PLC 的基本组成

PLC 由于自身的特点,在工业生产的各个领域得到了广泛应用。而作为 PLC 的用户,要正确地应用 PLC 去完成各种不同的控制任务,首先应了解 PLC 的组成结构和工作原理。

目前,可编程序控制器的产品很多,不同厂家生产的 PLC,以及同一厂家生产的不同型号的 PLC,其结构各不相同;但就其基本组成和基本工作原理而言,是大致相同的。它们都是以微处理器为核心的结构,其功能的实现不仅基于硬件的作用,更要靠软件的支持。PLC 硬件系统的基本结构框图如图 6-25 所示。

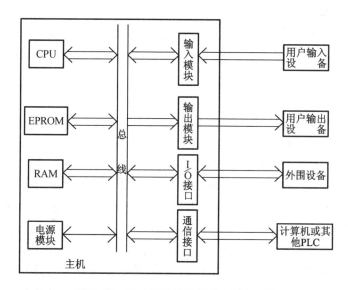

图 6-25 PLC 硬件系统的基本结构框图

图 6-25 中，PLC 的主机由微处理器（CPU）、存储器（EPROM、RAM）、输入/输出模块、外设 I/O 接口、通信接口及电源组成。对于整体式的 PLC，这些部件都在同一个机壳内。而对于模块式结构的 PLC，各部件独立封装，称为模块。各模块通过机架和电缆联接在一起。主机内的各个部分均通过电源总线、控制总线、地址总线和数据总线联接。根据实际控制对象的需要，配备一定的外部设备，可构成不同的 PLC 控制系统。常用的外部设备有编程器、打印机、EPROM 写入器等。PLC 可以配置通信模块与上位机及其他 PLC 进行通信，构成 PLC 的分布式控制系统。

下面分别介绍 PLC 各组成部分及其作用，以便用户进一步了解 PLC 的控制原理和工作过程：

（一）中央处理单元（CPU）

CPU 是 PLC 的控制中枢，PLC 在 CPU 的控制下有条不紊地协调工作，从而实现对现场的各个设备进行控制。CPU 的具体作用如下：

（1）接收、存储用户程序。

（2）以扫描方式接收来自输入单元的数据和状态信息，并存入相应的数据存储区。

（3）执行监控程序和用户程序，完成数据和信息的逻辑处理，产生相应的内部控制信号，完成用户指令规定的各种操作。

（4）响应外部设备（如编程器、打印机）的请求。

这里要说明一点：一些专业生产 PLC 的品牌厂家均采用自己开发的 CPU 芯片。

（二）存储器

可编程序控制器配有两种存储器，即系统存储器（EPROM）和用户存储器（RAM）。系统存储器用来存放系统管理程序，用户不能访问和修改这部分存储器的内容。用户存储器用来存放编制的应用程序和工作数据状态。存放工作数据状态的用户存储器部分也称为数据存储区，它包括输入、输出数据映像区、定时器/计数器预置数和当前值的数据区、存放中间结果的缓冲区。

（三）输入/输出模块

PLC 的控制对象是工业生产过程,实际生产过程中的信号电平是多种多样的,外部执行机构所需的电平也是各不相同的,但可编程序控制器的 CPU 所处理的信号只能是标准电平,这样就需要相应的 I/O 模块作为 CPU 与工业生产现场的桥梁,进行信号电平的转换。常见的 PLC 产品有三菱 FX 系列 PLC、西门子、欧姆龙、ABB、台达、仑茨等品牌。生产厂家已开发出各种型号的输入、输出模块供用户选择。用户除了可以选用各系列不同型号的 PLC 外,还可以选用各种扩展单元和扩展模块,组成不同 I/O 点和不同功能的控制系统。而且,这些模块在设计时采取了光电隔离、滤波等抗干扰措施,提高了 PLC 的可靠性。对各种型号的输入/输出模块,可根据不同形式进行归类:按照信号的种类归类,有直流信号输入/输出、交流信号的输入/输出;按照信号的输入/输出形式分,有数字量输入/输出、开关量输入/输出、模拟量输入/输出。

开关量输入模块是各种开关、按钮、传感器等,其信号可能是交流电压(110 V 或 220 V)或直流电压(12～24 V)等。输出模块的作用是将 CPU 执行用户程序所输出的 TTL 电平的控制信号,转化为生产现场所需的、能驱动特定设备的信号,以驱动执行机构的动作。通常,开关量输出模块有三种形式,即继电器输出、晶体管输出和双向晶闸管输出。继电器输出可接直流或交流负载;晶体管输出属直流输出,只能接直流负载。当开关量输出频率低于 1 000 Hz 时,一般选用继电器输出模块;当开关量输出频率大于 1 000 Hz 时,一般选用晶体管输出。双向晶闸管输出属交流输出。

（四）编程器

编程器是 PLC 的重要外部设备。利用编程器可将用户程序送入 PLC 的用户程序存储器,并用以调试程序、监控程序的执行过程。编程器类型从结构上可分为以下三种:

1. 简易编程器

简易编程器可以直接与 PLC 的专用插座相连,或通过电缆与 PLC 相连。它与主机共用一个 CPU,一般只能采用助记符或功能指令代号编程。其优点是携带方便、价格便宜,多用于微型、小型 PLC;缺点是因为它与主机共用一个 CPU,只能连机编程,对 PLC 的控制能力小。

2. 图形编程器

图形编程器可以用来显示编程的情况,还可以显示 I/O,以及各继电器的工作状况、信号状态和出错信息等。它既可以连机编程,又可以脱机编程;既可以采用梯形图编程,也可以用助记符指令编程;还可以与打印机、绘图仪等设备相连,并有较强的监控功能。但它的价格高,通常用于大中型 PLC。

3. 通用计算机编程

通用计算机编程采用通用计算机,通过硬件接口和专用软件包,用户可以直接在计算机上以连机或脱机方式编程。它可以运用梯形图编程,也可以用助记符指令编程,有较强的监控能力。

三、PLC 的基本工作原理

PLC 是一种存储程序的控制器。用户根据某一对象的具体控制要求,编制控制程序后,用编程器将程序键入 PLC 的用户程序存储器中寄存。PLC 的控制功能就是通过运行用户程序来实现的。PLC 运行程序的方式与微型计算机相比,有较大的不同。微型计算机运行程序时,一旦执行 END 指令,程序运行即结束。而 PLC 从 0000 号存储地址所存放的第一条用户程序开始,在无中断或跳转的情况下,按存储地址号递增的方向,顺序逐条执行用户程序,直到 END 指令结束;然后再从头开始执行,并周而复始地重复,直到停机或从运行(RUN)切换到停止(STOP)工作状态。人们把 PLC 这种执行程序的方式称为扫描工作方式。每完成一次程序扫描,就构成一个扫描周期。另外,PLC 对输入/输出信号的处理也与微型计算机不同。微型计算机对输入/输出信号实时处理,而 PLC 对输入/输出信号集中批处理。下面具体介绍 PLC 的扫描工作过程:

PLC 扫描工作方式主要分三个阶段,即输入采样、程序执行和输出刷新。

（一）输入采样阶段

PLC 在开始执行程序之前,首先扫描输入端子,按顺序将所有输入信号读入寄存输入状态的输入映像寄存器中,这个过程称为输入采样。PLC 在运行程序时,所需的输入信号不是现时取输入端子上的信息,而是取输入映像寄存器中的信息。在当前工作周期内,这个采样结果的内容不会改变。只有到下一个扫描周期,输入采样阶段才被刷新。

（二）程序执行阶段

PLC 完成输入采样工作后,从 0000 号存储地址的程序开始按顺序逐条扫描执行,并分别从输入映像寄存器、输出映像寄存器及辅助继电器中获得所需的数据,进行运算处理,再将程序执行结果写入寄存执行结果的输出映像寄存器中保存。但这个结果在全部程序被执行完毕之前,不会送到输出端子上。

（三）输出刷新阶段

在执行到 END 指令,即执行完用户所有程序后,PLC 将输出映像寄存器中的内容送到输出锁存器进行输出,驱动用户设备口。PLC 扫描过程如图 6-26 所示。

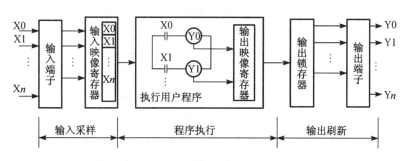

图 6-26　PLC 扫描过程示意图

PLC 工作过程中,除了上述三个主要阶段外,还要完成内部处理、通信服务等工作。在内部处理阶段,PLC 检查 CPU 模块内部的硬件是否正常、将监控定时器复位等。在通信服务阶段,PLC 与其他带微处理器的智能装置实现通信。下面用一个简单的例子来进一步说明 PLC 的扫描工作过程:

图 6-27(a)为 PLC 控制电机正反转的接线图。正转启动按钮为 SB_1,反转启动按钮为 SB_2,停止按钮为 SB_3,它们的常开触点分别接在编号为 X0、X1 和 X2 的 PLC 的输入端;正转接触器 KM_1、反转接触器 KM_2 的线圈分别接在编号为 Y0、Y1 的 PLC 的输出端。图 6-27(b)是这五个输入/输出变量对应的 I/O 映像寄存器。图 6-27(c)为 PLC 的梯形图程

序。输入/输出端子的编号与存放其信息的映像寄存器的编号一致。梯形图以指令的形式存储在 PLC 的用户程序存储器中。

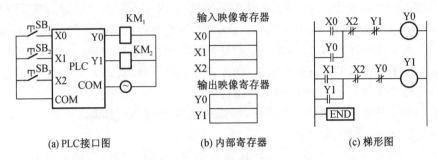

| (a) PLC接口图 | (b) 内部寄存器 | (c) 梯形图 |

图 6-27　PLC 外部接线图与梯形图

图 6-27(c)中,梯形图的指令表见表 6-2。

表 6-2　指令表

序号	助记符	操作数	序号	助记符	操作数
0	LD	X0	6	OR	Y1
1	OR	Y0	7	ANI	X2
2	ANI	X2	8	ANI	Y0
3	ANI	Y1	9	OUT	Y1
4	OUT	Y0	10	END	
5	LD	X1	—	—	—

从 PLC 的工作过程,可以总结出如下几个结论:

(1) 以扫描的方式执行程序,其输入与输出信号间的逻辑关系,存在原理上的滞后。扫描周期越长,滞后越严重。

(2) 扫描周期除了包括输入采样、程序执行、输出刷新三个主要工作阶段所占的时间外,还包括系统管理操作占用的时间。其中,程序执行的时间与程序的长短及指令操作的复杂程度有关,其他基本不变。扫描周期一般为毫秒级。

(3) 第 n 次扫描执行程序时,所依据的输入数据,是该次扫描周期中采样阶段的扫描值 Xn;所依据的输出数据,有上一次扫描的输出值 $Yn-1$,也有本次的输出值 Yn;送往输出端子的信号,是本次执行全部运算后的最终结果 Yn。

(4) 输入/输出响应滞后,不仅与扫描方式有关,还与程序设计安排有关。

四、PLC 的编程语言

PLC 的控制功能是由程序实现的。PLC 常用的编程语言有梯形图语言、助记符(指令表)语言、功能图语言、顺序功能图语言和高级编程语言等。

(一) 梯形图语言

1. 梯形图与继电器控制的区别

梯形图语言形象直观,类似电气控制系统中的继电器控制电路图,逻辑关系明显,电气技术人员容易接受。对于同一控制电路,继电器控制原理图和梯形图的输入/输出信号、控制过程等效。图 6-28 所示即为继电器控制线路和梯形图。但两者有本质区别:继电器控制原理图使用的是硬继电器和定时器,靠硬件联接组成控制线路;而 PLC 的梯形图使用的是内部软继电器、定时器/计数器等,靠软件实现控制。

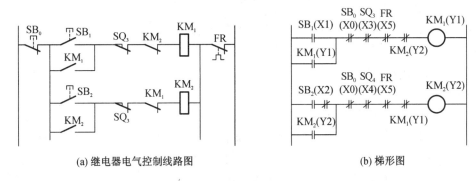

(a) 继电器电气控制线路图　　　　　(b) 梯形图

图 6-28　电机正反转控制电路图及梯形图

2. 梯形图程序简介

(1) 梯形图程序按行从上至下,每一行从左到右顺序编写。PLC 程序执行顺序与梯形图的编写一致,如图 6-29 所示。

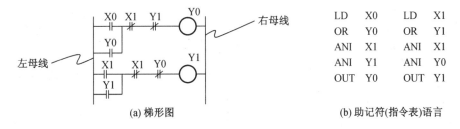

(a) 梯形图　　　　　　　　(b) 助记符(指令表)语言

图 6-29　梯形图与助记符

(2) 梯形图的左边垂直线称为左母线,右边垂直线称为右母线。左母线右侧放置输入接点和内部继电器触点。梯形图触点有两种,即常开触点和常闭触点。这些触点可以是 PLC 的输入触点或内部继电器触点,也可以是内部寄存器、定时器、计数器的状态。

(3) 梯形图的最右侧必须放置输出器件。PLC 的输出器件用圆圈表示,圆圈可以表示内部继电器线圈、输出继电器线圈或定时厂计数器的逻辑运算结果。其逻辑动作只有在线圈接通后,对应的触点才动作。输出线圈直接与右母线相连,输出线圈与右母线之间不能连有触点。右母线在编程时有时可以不画出。

(4) 梯形图程序中的触点可以任意串/并联;而输出线圈只能并联,不能串联。

(5) 输出线圈只对应输出映像区的相应位,不能直接驱动现场设备。该位的状态只有在程序执行结束时在输出刷新阶段进行输出。刷新后的输出控制信号经 I/O 接口对应的输出模块驱动负载工作。

(6) 梯形图中,每个编程元件应按一定的规则加标字母数字串。不同编程元件常用不同的字母符号和一定的数字串进行表示。不同厂家的 PLC 的编程元件使用的符号和数字串往往是不一样的。

（二）助记符语言

PLC 的助记符语言是 PLC 的命令语句表达式,它与计算机汇编语言相类似。用户可以直观地根据梯形图,写出助记符语言程序,如图 6-29(b)所示为三菱 PLC 的助记符语言,并通过编程器(或计算机)送到 PLC。不同厂家生产的 PLC 所使用的助记符有所不同。

（三）功能图语言

功能图语言是一种类似于数字逻辑电路图的编程语言,熟悉数字电路的人比较容易掌握。其功能图如图6-30所示,图中 I 为输入,Q 为输出。

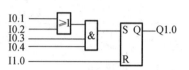

图 6-30　功能图语言

（四）顺序功能图语言

顺序功能图常用来编制顺序控制类程序,它包括工步、动作、转换驱动条件三个元素。顺序功能编程法可将一个复杂的控制过程分解为一些具体的工作状态,把这些具体的功能分别处理后,再把这些具体的状态依一定的顺序控制要求,组合成整体的控制程序。顺序功能图体现了一种编程思想,在程序的编制中有很重要的意义。顺序功能图如图 6-31 所示。

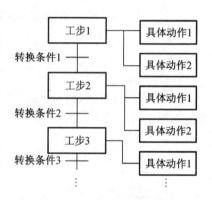

图 6-31　顺序功能图语言

（五）高级语言

高级语言编程已经在某些广家生产的 PLC 中应用。这种语言类似于 BASIC 语言、C 语言等高级编程语言。采用这种语言编程的 PLC 如德国产的 JETTERPLC 等。

第三节　传　感　器

一、传感器的认识

现代信息产业的三大支柱是传感器技术、通信技术和计算机技术,它们分别构成信息系统的"感官"、"神经"和"大脑"。管道清扫机器人应具备的基本功能包括:在管道内自主越障,防倾覆,清扫管道,能够适应复杂的矩形管道或圆形管道环境。机器人要完成这些功能,首先要能"看"到障碍,"摸"到管壁,保持平衡。这些感觉都是由传感器完成的。图像传感器使机器人能"看"到;位移传感器使机器人能"触摸";倾角传感器可以预防机器人倾覆;速度传感器可以监控机器人的行走速度。这些传感器将检测到的信号传输到计算机中,经分析计算后发出指令,用以控制机器人的各种行为。传感器是一种检测装置,它能感受到被测量的非电量信息,如温度、压力、流量、位移等,并将检测到的信息,按一定规律转换成电信号或其他所需形式的信息输出,用以满足信息的传输、处理、存储、显示、记录或控制等要求。图6-32 所示的是各种检测物理参数的传感器。传感器是自动化系统和机器人技术的关键部件,是实现自动检测的首要环节,能为自动控制提供控制依据。传感器在机械电子、测量、控制、计量等领域应用广泛。

图6-32　各种检测物理参数的传感器

二、传感器的组成

电量一般是指物理学中的电学量,如电压、电流、电阻、电容、电感等;非电量则是指除电量之外的一些参数,如压力、流量、位移量、质量、力、速度、加速度、转速、温度、浓度、酸碱度等。传感器测量的大多数是非电量的参数。国家标准 GB/T 7665—2005 对传感器下的定义是:"能感受规定的被测量,并按照一定的规律转换成可用信号的器件或装置,通常由敏感元件和转换元件组成。"广义地说,传感器就是一种能把物理量或化学量转换成便于测量、便于利用的电信号的器件。传感器一般由敏感元件、传感元件和测量转换电路组成,如图6-33所示。敏感元件直接与被测量接触,并将被测量转换成与被测量有确定关系、更易于转换的非电量;传感元件再将这一非电量转换成电量。传感元件输出的信号幅度很小,而且混杂有干扰信号,因此,为了方便后续设备处理,需要利用测量转换电路将信号整理成具有最佳特性的波形(最好能够将其线性化),并放大成易于测量、处理的电信号,如电压、电流、频率等。

图6-33　传感器的组成

应该指出,不是所有传感器都有敏感和传感元件之分。有些传感器的敏感元件可以直接将非电量转化成电信号。比如铂电阻式温度传感器,当所测温度变化时,其敏感元件的电阻值也会变化,这种变化经测量转换电路就可直接转化成电压信号或电流信号。也不是所有传感器都包含测量转换电路。有些传感器因测量环境恶劣,测量转换电路在此环境中不能正常工作或误差较大,因而不包含在内。比如某些温度传感器,测量转换电路中电子元器件的工作允许最高温度为125℃,当传感器的工作环境温度超过此值时,温度传感器就不能包含测量转换电路。

三、传感器的分类

传感器利用各种物理效应和工作机理来实现测量目的。传感器可以直接接触被测量对象,也可以不接触。传感器的种类很多,常用以下三种:

(1)按传感器的物理量分类,可分为温度、压力、流量、速度、位移等传感器。

(2)按传感器的工作原理分类,可分为电阻、电容、电感、霍尔、光电、热电偶等传感器。

(3)按传感器输出信号的性质分类,可分为输出为开关量("1"和"0"或"开"和"关")的开关型传感器、输出为模拟量的模拟型传感器、输出为脉冲或代码的数字型传感器。

本书采用第一种分类方式。

四、传感器的作用

在检测和自动控制系统中,传感器的作用相当于人的五官,常将传感器的功能与人类五大感觉器官相比拟:光敏传感器—视觉;声敏传感器—听觉;气敏传感器—嗅觉;化学传感器—味觉;压敏、温敏、流体传感器—触觉。自动化程度越高,系统对传感器的依赖性就越大,传感器对系统功能的作用也就越明显。

五、常用传感器

(一)力学传感器

力学传感器根据制造原理不同,可分为电阻应变式、电容式、振弦式、压电式等。在测量静态力(这种力的大小与方向不随时间变化而变化或随时间缓慢变化)时,最常用的是电阻应变式力传感器。电阻应变式力传感器完成测量后,不会对被测物体造成任何影响,拆除也非常容易。电阻应变式传感器最突出的优点是结构简单、价格便宜,与其他类型的力传感器相比,具有测试范围宽、输出线性好、性能稳定、工作可靠,并能在恶劣环境条件下工作的特点。电阻应变式传感器还可用于压力、加速度等力学量的测量。

1. 电阻应变式传感器的工作原理

导体或半导体材料在外力作用下伸长或缩短时,电阻值会相应地发生变化,这一物理现象称为电阻应变效应。将应变片贴在被测物体上,使其随着被测物体一起伸缩,这样应变片内部的金属材料就随着外界的应变伸长或缩短,其阻值就会相应地变化。应变片就是利用电阻应变效应,通过测量电阻的变化来对应变进行测量的。电阻应变片分为金属电阻应变片和半导体应变片两大类。在力传感器中,大多数使用的是金属电阻应变片,其结构如图6-34所示。将电阻丝排成栅网状,粘贴在厚度为 $15\sim16~\mu m$ 的绝缘基片上,电阻丝两端焊出引出线,最后用覆盖层保护,即成为应变片。使用时,将应变片贴于被测物体上,就可构成应变式传感器。

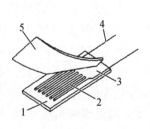

1—基底 2—电阻丝 3—粘贴胶
4—引出线 5—覆盖层

图6-34 金属电阻应变片结构示意图

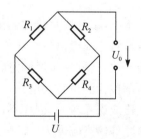

图6-35 惠斯通电桥电路

2. 电阻应变式传感器的测量电路

应变电阻的变化是极其微弱的,电阻变化率仅为 0.2% 左右。要精确地测量这么微小的电阻变化,是非常困难的,一般的电阻测量仪表无法满足要求。通常采用惠斯通电桥电路进行测量,将电阻变化转换为电压或电流的变化,再用测量仪表或电阻应变式传感器的专用测量电路,便可以简单方便地进行测量。惠斯通电桥电路如图6-35所示。R_1、R_2、R_3、R_4 为四个桥臂的电阻,电桥的供电电压为 U,电桥输出电压为 U_0。当被测物体未施加作用力时,应变为零,应变电阻没有变化,四个桥臂的初始电阻满足 $R_1/R_2 = R_3/R_4$,桥路输出电压 U_0 为零,即桥路平衡。

3. 力学传感器应用(称重传感器)

称重传感器是工业测量中使用较多的一种传感器,几乎运用于所有的称重领域,如混合各种原料的配料系统、生产过程物料的进料量控制,以及生产工艺自动检测。称重传感器的量程很大,从几克到几百吨。称重传感器根据制造原理不同可分为应变式、感应式、电容式、振弦式等,其中应变式称重传感器在电子称重系统中应用最广泛。

应变式称重传感器的工作原理:电阻应变式称重传感器由弹性元件、应变片和外壳所组成。图 6-36 中,电子秤的称重传感器即为电阻应变式称重传感器,其弹性元件是应变梁。弹性元件是称重传感器的基础,被测物的质量作用在弹性元件上,使其在某一部位产生较大的应变或位移;弹性元件上的应变片作为传感元件,将弹性元件敏感的应变量或位移完全同步地转换为电阻值的变化量,然而再转换成电信号,完成测量。

图 6-36　常见的称重传感器的外形

传感器弹性元件一般由优质合金钢材、有色金属铝、敏青铜等材料制成,其外形结构多种多样,常见的有柱式、悬臂梁式、环式、轮辐式等,如图 6-37 所示。弹性元件上以一定方式粘贴有应变片,当弹性元件在外力作用下产生应变或位移时,不同部位的应变片的电阻值变化不同,或变大或变小,选择更有利于重力的测量。

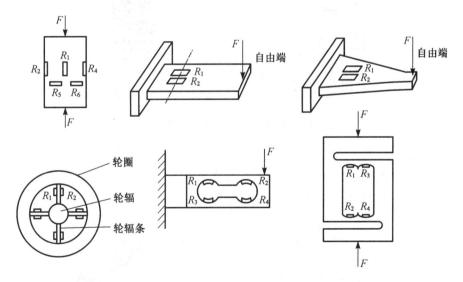

图 6-37　传感器弹性元件

常见的称重传感器的外形如图 6-36 所示。不同结构的传感器,量程范围、安装形式和适用场所也不尽相同。

（1）柱式称重传感器。柱式称重传感器的结构和外形如图6-38所示，其敏感元件为圆柱体，在细的部位粘贴有四片或八片应变片。这种传感器的特性是结构简单紧凑、易于加工，可设计成压式或拉式，或拉、压两用式。此种称重传感器可以承受很大的载荷，其缺点是灵敏度和精度低等。大、中量程（1～500 t）的称重传感器通常采用此种结构。

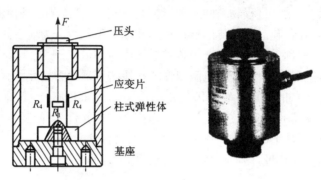

图6-38　柱式称重传感器的结构和外形图

（2）柱环式称重传感器。柱环式称重传感器的结构如图6-39所示。它与圆棒一体加工，在中央打孔，在孔内粘贴有四个应变片，在集中载荷作用下，四个应变片可获得大小相等而方向相反的应变。其输出灵敏度较高、线性度较好。而且，由于弹性元件为一整体结构，所以受力状态稳定，温度均匀性好，结构简单，易于加工，可制成拉、压两用型。中、小量程（0.5～50 t）的称重传感器通常采用此种结构。

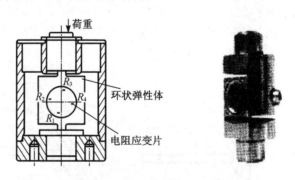

图6-39　柱环式称重传感器的结构

（3）悬臂梁式称重传感器。如图6-40所示，这种称重传感器的弹性元件为双孔平行梁式弹性元件，由于弹性体为平行四边形，因此其输出不受力的作用点位置变动的影响。小量程（500 g～500 kg）的称重传感器通常采用此种结构。

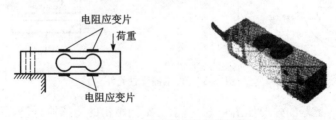

图6-40　悬臂梁式称重传感器

（4）环式称重传感器。环式称重传感器的结构和外形如图6-41所示。由于其载荷的作用点和支持点在同一轴线上,因此它的受力状态稳定。称重时,利用其弯曲变形,产生信号。由于此种结构存在零弯矩区,因此力的作用点的变化对输出的影响较小,测量精度高。量程为5 kg～5 t的称重传感器通常采用此种结构,其精度可达0.02%。

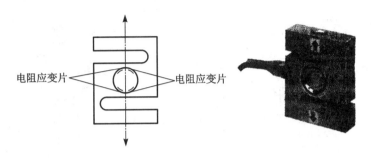

图6-41 环式称重传感器的结构和外形图

（5）轮辐式称重传感器。轮辐式称重传感器的结构和外形如图6-42所示。它主要由五个部分组成:轮枯、轮圈、轮辐条、受拉和受压应变片。轮辐条可以是四根或八根,呈对称形状。轮轴由顶端的钢球传递重力,钢球的压头有自动定位的功能。当外力作用在轮转上端和轮圈下面时,矩形轮辐条产生平行四边形变形,在轮辐条对角线方向产生45°的线应变。

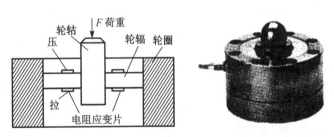

图6-42 轮辐式称重传感器的结构和外形图

八片应变片与辐条水平中心成45°角,分别粘贴在四根辐条的正反两面,如图6-43所示,并接成全桥测量电路。当被测力作用在轮辐端面时,沿辐条对角线缩短方向的应变片受压,电阻值减小;沿辐条对角线伸长方向的应变片受到拉力,电阻值增加,电桥的输出电压与被测力之间具有良好的线性特性。轮辐和轮圈的刚度很大,因此其过载能力很强,线性测量范围也比较宽。量程为5～50 t的称重传感器通常采用此种结构。

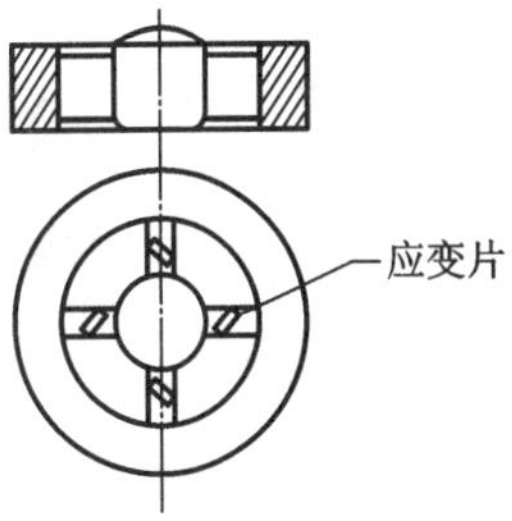

图6-43 轮辐式称重传感器应变片位置

（二）位移的测量

位移是物体在一定方向的位置变动,是矢量。测量时,应使测量方向与位移方向重合,才能真实地测量出位移量。位移测量,从被测量的角度,可分为线位移测量和角位移测量;从测量参数特性的角度,可分为静态位移测量和动态位移测量。许多动态参数,如力、扭矩、速度、加速度等,都是以位移测量为基础的。在自动化生产与工程自动控制中,经常需要测量位移。测量时,应当根据不同的测量对象选择测量点、测量方向和测量系统,其中位移传感器的精度起重要作用。

1. 电位器式传感器

电位器式传感器主要用来测量直线位移和角位移,和弹性元件相结合也可以测量压力、力、加速度等量。几种电位器式传感器如图 6-44 所示。

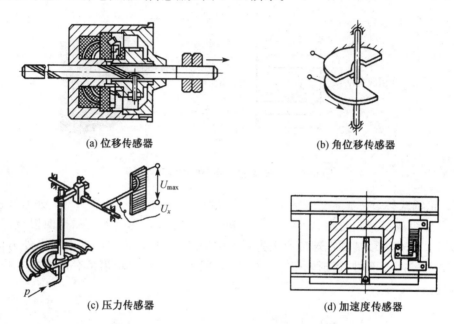

(a) 位移传感器　　　　　　　　　　(b) 角位移传感器

(c) 压力传感器　　　　　　　　　　(d) 加速度传感器

图 6-44　几种电位器式传感器

图 6-45 所示的电位器式传感器,是将非电量(如力、位移、形变、速度和加速度等)的变化量变换成有一定关系的电阻值的变化,通过电测技术测量电阻值,从而达到测量上述非电量的目的。电位计(器)式传感器又分为线绕式和非线绕式两种,它们主要用于非电量变化较大的测量场合,如线位移、角位移等。

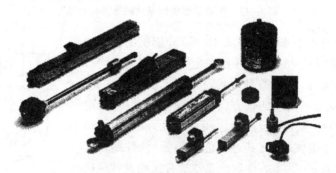

图 6-45　电位器式传感器

线绕电位器的工作原理如图 6-46 所示。

若线绕电位器的绕线截面积均匀,则电阻变化均匀(线性)。U_1 为工作电压,U_0 为负载电阻 R_L 两端的输出电压。X 为线绕电位器电刷移动长度,L 为其总长度。对应于电刷移动量 X 的电阻值为:

$$R_X = \frac{X}{X_{max}} R_0$$

式中：X——滑臂离开始点的距离；

X_{max}——滑臂最大直线位移。

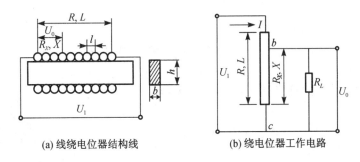

(a) 线绕电位器结构线 (b) 绕电位器工作电路

图 6-46 线绕电位器

2. 差动变压器式位移传感器

差动变压器式位移传感器是利用电磁感应的原理进行测量的。它从原理上讲是一个变压器,利用线圈的互感作用,把被测位移量转换为感应电动势的变化。由于这种传感器常常做成差动的形式,所以称为差动变压器。它具有工作稳定、分辨率较高的特点。

(1) 差动变压器式位移传感器的工作原理。差动变压器式位移传感器由一个可动铁心1、一次绕组2及二次绕组3和4组成,如图6-47所示。二次绕组3和4反极性串联,接成差动形式。当一次绕组2加上交流电压时,二次绕组3和4分别产生感应电动势 E_3 和 E_4,则输出电动势 $E = E_3 - E_4$。当两个二次绕组完全一致、铁心位于中间时,输出电动势为0。当铁心向上运动时,$E_3 > E_4$；当铁心向下运动时,$E_3 < E_4$。随着铁心上下移动,输出电动势 E 发生变化,其大小与铁心的轴向位移成比例,其方向反映铁心的运动方向。这样,输出电动势 E 就可以反映位移变化。

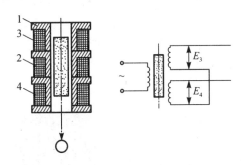

1—可动铁心 2——次绕组 3,4—二次绕组

图 6-47 差动变压器式位移传感器原理

(2) 差动变压器式位移传感器的线性范围。一般差动变压器的线性范围约为线圈骨架长度的 $1/10 \sim 1/4$,中段线性较好。铁心的直径、长度、材质,以及线圈骨架的形状、大小不同等,均对线性关系有直接影响。如果要求二次电压的相位角为一定值,则差动变压器的线性范围约为线圈骨架全长的 $1/10$ 左右。可用差动整流电路对差动变压器的交流输出电压

进行整流,以扩展线性范围。

（3）差动变压器式位移传感器的使用注意事项包括:

① 传感器测杆应与被测物垂直接触。

② 活动的铁心和测杆不能因受到侧向力而造成变形弯曲,否则会严重影响测杆的活动灵活性。不可敲打传感器或使传感器跌落。

③ 接线牢固,避免压线、夹线。

④ 固定夹持传感器壳体时,应避免松动,但不可用力太大、太猛。

⑤ 安装传感器时,应调节(挪动)传感器的夹持位置,使其位移变化不超出测量范围,即通过观测位移读数,使位移在传感器的量程内变化,使输出信号不超出额定范围。

3. 光栅式位移传感器

图 6-48 是光栅式位移传感器的外形图。在玻璃尺或玻璃盘上,类似于刻线标尺或度盘那样,进行长刻线(一般为 10～12 mm)的密集刻划,得到如图 6-49 所示的黑白相间、间隔相同的细小条纹。没有刻划的白的地方透光,刻划的地方

图 6-48　光栅式位移传感器

发黑,不透光。这就是光栅。光栅式位移传感器具有微米级分辨率,在精密位移测量方面有广泛的应用。

(a) 形式一

(b) 形式二

图 6-49　光栅条纹

w—栅距　a—线宽　b—缝宽(一般 $a = b$)

（1）莫尔条纹。以图 6-49 所示的长光栅为例介绍莫尔条纹。将栅距相同的两块光栅的刻线面相对重叠在一起,并且使二者的栅线有很小的交角,这样就可以看到在近似垂直栅线方向上出现明暗相间的条纹,称为莫尔条纹,如图 6-50 所示。莫尔条纹是基于光的干涉效应产生的。当光栅副中任一光栅沿垂直于刻线方向移动时,莫尔条纹就会沿近似垂直于光栅移动的方向运动。当光栅移动一个栅距时,莫尔条纹就移动一个条纹间隔;当光栅改变运动方向时,莫尔条纹也改变运动方向。两者具有相对应的关系。因此,可以通过测量

(a) 莫尔条纹

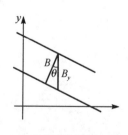

(b) 横向莫尔条纹的距离

图 6-50　莫尔条纹

莫尔条纹的运动来判断光栅的运动。

（2）莫尔条纹测量位移原理。根据莫尔条纹的性质,在理想情况下,对于一固定点的光强,随着主光栅相对于指示光栅的位移 x 变化而变化的关系如图 6-51(a)所示。

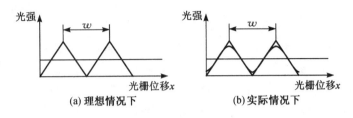

(a) 理想情况下　　　　　　(b) 实际情况下

图 6-51　光强与位移的关系

由于光栅副中有间隙、光栅的衍射效应、栅线质量等因素的影响,光电元件输出信号为近似于图 6-51(b)所示的正弦波。主光栅移动一个栅距 w,输出信号 u 变化一个周期 2π。

输出信号经整形变为脉冲,脉冲数、条纹数、光栅移动的栅距数是对应的,因此位移量 $x = N \times w$,其中 N 为条纹数,w 为栅距。

（3）光栅式位移传感器的结构和原理。通常,光栅式位移传感器由光源、透镜、主光栅、指示光栅和光电接收元件组成,如图 6-52 所示。

① 主光栅和指示光栅。主光栅又叫标尺光栅,是测量的基准,另一块光栅为指示光栅,两块光栅合称光栅副。标尺光栅比指示光栅长。在光栅测量系统中,指示光栅固定不动,标尺光栅随测量工作台(或主轴)一起移动(或转动)。但在使用长光栅尺的数控机床上,标尺光栅往往固定在机床上,而指示光栅随拖板一起移动。标尺光栅的尺寸常由测量范围确定;指示光栅则为一小块,只要能满足测量所需的莫尔条纹数量即可。

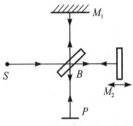

图 6-52　麦克尔逊双光束干涉系统原理

② 光栅副。光栅副是光栅式位移传感器的主要部分,整个测量装置的精度主要由主光栅的精度决定。两块光栅互相重叠,并错开一个小角度,以获得莫尔条纹。

③ 光电接收元件。光电接收元件可以将光栅副形成的莫尔条纹的明暗强弱变化转换为电量而输出。

④ 光源。光源的作用是供给光栅传感器工作时所需光能。

⑤ 透镜。透镜将光源发出的光转换成平行光。

（4）光栅式位移传感器的使用注意事项。光栅式位移传感器具有安装简便、读数直观、工作稳定、抗干扰能力强等优点,使用时要特别注意以下几点:

① 光栅式位移传感器与数显表插头插拔时,应关闭电源后再进行。

② 尽可能外加保护罩,并及时清理溅落在尺上的切屑和油液,严格防止任何异物进入光栅式位移传感器壳体内部。

③ 光栅式位移传感器严禁剧烈震动、摔打,以免破坏光栅尺。一旦光栅尺断裂,光栅式位移传感器即失效。

④ 不要自行拆开光栅式位移传感器,更不能任意改动主栅尺与副栅尺的相对间距,否则,一方面可能破坏光栅式位移传感器的精度;另一方面还可能造成主栅尺与副栅尺的相对

摩擦,损坏铬层,也就损坏了栅线,从而造成光栅尺报废。

⑤ 防止油污和水污染光栅尺面,以免破坏光栅尺线条纹的分布,引起测量误差。

⑥ 避免在有严重腐蚀作用的环境中工作,以免腐蚀光栅铬层及光栅尺表面,损伤光栅尺质量。

5. 位移传感器的分类及应用

位移传感器的种类多种多样,按工作原理,可分为电阻式、应变式、电感式、电容式、霍尔元件式、超声波式、感应同步器式、计量光栅式、磁栅式和角度编码器等。每一种传感器都有自己的特点和各自的测量范围及适用场所。在组建位移测量系统时,可以根据测量范围、被测对象、测量精度及结构、功能、价格等,选择相应的位移传感器进行检测。

采用位移传感器进行测量工作时,应根据具体的测量目标、测量对象和测量环境,合理地选用位移传感器。选用位移传感器应主要考虑以下因素:

(1) 线性精密度。

(2) 产品使用寿命。

(3) 重复性和耐用性。

(4) 价格。

(5) 具体应用,需要考虑某些指标(如低扭矩,抗冲击和震动性能,高速应用场合)。

6. 接近开关

在各类传感器中,有一种对接近它的物件有"感知"能力的元件——位移传感器。利用位移传感器对接近物体的敏感特性,达到控制开关通或断的目的,这就是接近开关。当有物体移向接近开关,并接近到一定距离时,位移传感器才有"感知",开关才会动作。通常把这个距离叫作检出距离。不同的接近开关,其检出距离不同。接近开关又称无触点行程开关。它能在一定的距离(几毫米至几十毫米)内检测有无物体靠近。当物体接近到设定距离时,它就可以发出"动作"信号,而不像机械式行程开关那样需要施加机械力。它给出的是开关信号(高电平或低电平)。多数接近开关具有较大的负载能力,能直接驱动中间继电器。接近开关的应用已远远超出行程开关的行程控制和限位保护范畴。它可以用于高速计数、测速,确定金属物体的存在和位置,测量物位和液位,用于人体保护和防盗,以及无触点按钮等。这里主要介绍电涡流式、电容式、霍尔式、光电式接近开关的结构、工作原理及其应用。

(1) 常用接近开关的分类。

① 自感式、差动变压器式,它们只对导磁物体起作用。

② 电涡流式(俗称电感接近开关),它只对导电良好的金属起作用。

③ 电容式,它对接地的金属或低电位的导电物体起作用,对非低电位的导电物体的灵敏度稍差。

④ 磁性干簧开关(也叫干簧管),它只对磁性较强的物体起作用。

⑤ 霍尔式,它只对磁性物体起作用。

从广义上讲,其他非接触式传感器均能用作接近开关,例如光电传感器、微波和超声波传感器等。但是它们的检测距离一般较大,可达数米甚至数十米。

(2) 接近开关的特点及主要特性。

① 接近开关的特点。与机械开关相比,接近开关具有以下特点:

非接触检测,不影响被测物的运行工况;不产生机械磨损和疲劳损伤,工作寿命长;响应快,一般响应时间可达几毫秒或十几毫秒;采用全密封结构,防潮、防尘性能较好,工作可靠性强;无触点、无火花、无噪声,适用于要求防爆的场合(防爆型);输出信号大,易于与计算机或可编程控制器(PLC)等接口;体积小,安装、调整方便;触点容量较小,输出短路时易烧毁。

②接近开关的主要特性。

a. 额定动作距离:在规定的条件下所测到的接近开关的动作距离(mm)。

b. 工作距离:接近开关在实际使用中被设定的安装距离。在此距离内,接近开关不应受温度变化、电源波动等外界干扰而产生误动作。

c. 动作滞差:指动作距离与复位距离之差的绝对值。滞差大,对外界的干扰,以及被测物抖动干扰等的抵抗能力强。

d. 重复定位精度(重复性):表征多次测量动作距离的准确度。其数值的离散性一般为动作距离的1‰~5‰。离散性越小,重复定位精度越高。

e. 动作频率:指每秒内连续不断地进入接近开关的动作距离后又离开的被测物个数或次数。若接近开关的动作频率太低,而被测物运动得太快时,接近开关就来不及响应物体的运动状态,有可能造成漏检。接近开关的外形如图6-53所示,可根据不同的用途选择不同的型号;图中,(a)所示形式便于调整与被测物的间距,(b)和(c)所示形式可用于板材的检测,(d)和(e)所示形式可用于线材的检测。

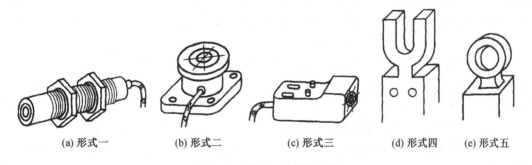

(a) 形式一　　　(b) 形式二　　　(c) 形式三　　　(d) 形式四　　　(e) 形式五

图6-53　接近开关的外形图

(三)图像检测传感器

1. 图像检测基础知识

(1)光电效应。光线照射在物体上会产生一系列物理或化学效应,如光合作用、人眼的感光效应,取暖时的光热效应等。通常把光线照射到某个物体上,物体吸收光线中的能量而发生相应电效应的物理现象,称为光电效应。一般说来,金属(铁、铝)、金属氧化物(氧化铁、三氧化二铝)、半导体(硅、锗)的光电效应较强。光电效应又可以分为内光电效应与外光电效应。内光电效应是吸收外部光线中的能量后,带电微粒仍在物体内部运动,只是使物体的导电性发生了较大变化的现象,它是半导体图像传感器的核心技术;外光电效应则是受外来光线中能量激发的微粒逃逸出物体表面,在空间中形成众多自由粒子的现象,真空摄像管、图像增强器等元器件就是根据这一原理工作的。可以说,光电效应是图像检测的基础。

(2)图像检测系统组成。图像检测系统是采用图像传感器摄取图像,利用转换电路将其转化为数字信号,再用计算机软硬件对信号进行处理,得到需要的最终图像,或通过识别、计算后获取进一步信息的检测系统,其组成如图6-54所示。作为"光—电"转换关键环节的图像传感器,无疑在其中扮演着重要角色。

图 6-54　图像检测系统组成

(3) 图像传感器。图像传感器是利用光敏元器件的光—电转换功能,将元器件感光面上感受到的光线图像转换为成一定比例的电信号,做相应处理后输出的功能器件。它能够实现图像信息的获取、转换和视觉功能的扩展。随着图像检测对图像传感器要求的增强和专门化,图像传感器的结构和功能呈现出较大差别,既有结构简单、芯片级的固态图像传感器,也有功能完善、应用级的光纤图像、红外线图像,传感器以及机器视觉传感器等。

2. 固态图像传感器

固态图像传感器是数码相机、数码摄像机的关键零件,因常用于摄像领域,又被称为摄像管。它在工业测控、字符阅读、图像识别、医疗仪器等方面得到了广泛应用。

固态图像传感器要求具有两个基本功能:一是具有把光信号转换为电信号的功能;二是具有将平面图像上的像素进行点阵取样,并将其按时间取出的扫描功能。目前主要分为三类,即电荷耦合式图像传感器(CCD)、CMOS 图像传感器和接触式影像传感器(CIS)等,前两种类型占据市场主流。CCD 和 CMOS 使用相同的光敏材料,受光后产生电子的原理相同,具有相同的灵敏度和光谱特性,但是电荷读取的过程不同。

(1) CCD 传感器。它具有以下优点:

① 高分辨率。像素为微米(μm)级,可感测、识别精细物体,提高影像品质。

② 高灵敏度。CCD 具有很低的读出噪声和暗电流噪声,信噪比高,从而具有高灵敏度。

③ 动态范围广。能同时感知、分辨强光和弱光,提高系统环境的使用范围。

④ 线性良好。入射光源强度和输出信号大小成良好的正比关系,降低了信号补偿处理成本。

⑤ 大面积感光。利用半导体技术可制造大面积的 CCD 晶片。

⑥ 低影像失真。使用 CCD 感测器,其影像处理不会有失真的情形,可真实反映原始图像。

这种传感器的缺点也很明显,表现为:不能提供随机访问,影响成像速度;需要复杂的时钟芯片,制造成本高;辅助功能电路难以和 CCD 集成到一块芯片上,造成 CCD 大多需要三种电源供电,功耗大,体积大。

(2) CMOS 图像传感器。与 CCD 相比,它具有以下优点:

① 系统集成。CMOS 图像传感器能在同一个芯片上集成各种信号和图像处理模块,如运放器、A/D 转换、彩色处理和数据压缩电路、标准 TV 和计算机 I/O 接口等,形成单片数字成像系统。

② 功耗低。CMOS 图像传感器只需单一电压供电,静态功耗几乎为零,其功耗仅相当于 CCD 功耗的 1/8,有利于延长便携式、机载或星载电子设备的使用时间。

③ 成像速度快。CCD 采用串行连续扫描的工作方式,必须一次性读出整行或整列的像素值;CMOS 图像传感器可以在每个像素扫描的基础上同时进行信号放大。

④ 响应范围宽。CMOS 图像传感芯片除了可感应到可见光外,对红外等非可见光波也有反应。在 890～980 nm 范围内,其灵敏度比 CCD 图像传感芯片的灵敏度要高出许多,并且随波长增加而衰减的梯度较慢。现已设计制造出对波长为 1～3 μm 的非可见光均敏感的 CMOS 图像传感芯片,在夜战和夜间监控领域得到了广泛的应用。

⑤ 抗辐射能力强。CCD 的像素由 MOS 电容构成,电荷激发的量子效应易受辐射的影响;而 CMOS 图像传感器的像素由光电二极管或光栅构成,抗辐射能力比 CCD 大 10 多倍。

⑥ 成本低。CMOS 制造成本低,结构简单,成品率高。

3. 其他图像传感器

(1)光纤图像传感器。利用光敏元件作为光电转换器件,用光纤作为传输介质,实现将不便观察的远方图像传递到观测点的目的。常用来作为工业内窥镜,观察设备内部工作情况,到达维修工用眼睛不能观察的区域。

(2)半导体红外图像传感器。广泛应用于军事,如红外制导、响尾蛇空对空及空对地导弹、夜视镜等。

在医学上,红外线热像仪在工作过程中会像电视摄像机一样拍摄温度分布图像,分辨率高达 0.1℃,直接测量图像中任意点的准确温度。拍摄图像中的不同颜色代表不同温度,即使被测人群不停地走动,也可以在 1 s 内指出数十人中的高温者,对准确识别高温非典疑似患者特别有效。

(四)智能传感器

所谓智能传感器是一种带有微处理机,兼有信息检测、信息处理、信息记忆、逻辑思维与判断功能的传感器,这些功能使其具备了某些人工智能。它将机械系统及结构、电子产品和信息技术完美结合,使传感器技术有了本质性的提高。传统的传感器功能单一、体积大、功耗高,已不能满足多种多样的控制系统。这使先进的智能传感器技术得到广泛应用。智能传感器必须具备通信功能,不具备通信功能,就不能称之为智能传感器。智能传感器主要由四部分构成:电源、敏感元件、信号处理单元和通信接口。其原理框图如图 6-55 所示。敏感元件将被测物理量转换为电信号,通过放大、A/D 转换成数字信号,再经过微处理器进行数据处理(校准、补偿、滤波),最后通过通信接口,与网络数据进行交换,完成测量与控制功能。

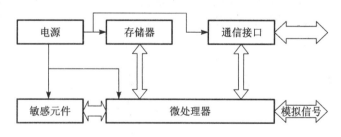

图 6-55　智能传感器原理框图

1. 智能传感器的功能

智能传感器与传统的传感器相比,最突出的特征是数字化、智能化、阵列化、微小型化和微系统化。它应具有以下功能:

(1)具有逻辑思维与判断、信息处理功能,可对检测数值进行分析、修正和误差补偿,如非线性修正、温度误差补偿、响应时间调整等,提高了传感器的测量准确度。

（2）具有自诊断、自校准功能，如接通电源时进行自检、温度变化时进行自校准等，提高了传感器的可靠性。

（3）可以实现多传感器、多参数的复合测量，如能够同时测量声、光、电、热、力、化学等多个物理和化学量，给出比较全面的反映物质运动规律的信息，能够同时测量介质的温度、流速、压力和密度的复合传感器等，扩大了传感器的检测与使用范围。

（4）内部设有存储器，检测数据可以存取，并可固化压力、温度和电池电压的测量、补偿和校准数据，能得到最好的测量结果，使用方便。

（5）具有数字通信接口，能与计算机直接联机，相互交换信息。利用双向通信网络，可设置智能传感器的增益、补偿参数、内检参数，并输出测试数据。这是智能传感器与传统传感器的关键区别之一。

（6）最新开发的智能传感器还增加了传感器故障检测功能，能自动检测外部传感器（亦称远程传感器）的开路或短路故障。

（7）一些智能传感器还增加了静电保护电路，智能传感器的串行接口端、中断/比较器信号输出端和地址输入端，一般可承受 $1\,000\sim4\,000$ V 的静电放电电压。

2. 智能传感器的适用场所

智能传感器可应用于各种领域、各种环境的自动化测试和控制系统，使用方便灵活、测试精度高，优于任何传统的数字化、自动化测控设备。特别适用于以下场所：

（1）在分布式多点测试、集中控制采集、测试现场远离集中控制中心的场合。如果采用传统的传感器，将造成技术复杂、设备成本高、数据传输易受干扰、测量精度低、系统误差大等缺点。而智能传感器能解决上述问题，它将计算机与自动化测控技术相结合，直接将物理量变换为数字信号，并传送到计算机进行数据处理。

（2）安装现场受空间条件限制的场所，如埋入大型电动机绕线内部、通风道内部、电子组合件内部等。如果采用传统的传感器，需要定期校验、检测，但是由于空间的限制很难完成。而智能传感器具有自检测、自诊断、定期自动零点复位、消除零位误差等功能。独立的内部诊断功能可避免代价高昂的拆机、校验，从而迅速收回投资。

（3）在自动化程度高、规模大的自动化生产线上，如工业生产过程控制、发电厂、热电厂、大型中央空调设备用户端等。在这些场合，测量、控制点多，远距离分散，数据量大，人工处理不现实。采用智能传感器即可解决这一错综复杂的问题，能从测量过程中收集大量的信息，以提高控制质量。

（4）在经常无人看守，但需要检测的场合，如农业养殖场、温棚、温室、干燥房、粮食仓库等。这些属于远距离、分散式、多点测试。采用智能传感器能监视自身及周围的环境，然后再决定是否对变化进行自动补偿或对相关人员发出警示。

思考与练习

6-1　如何改变三相异步电动机的旋转方向？

6-2　简述异步电动机的启动特点及启动方法。

6-3　简述单相电容异步电动机的基本工作原理。

6-4　简述直流电机的分类、特点及应用范围。

6-5 简述同步电动机的特点及应用范围。

6-6 简述交流伺服电动机和直流伺服电动机的原理,说明伺服电动机的工作特点及应用范围。

6-7 举例说明常用的低压电路元件,并说明其用途。

6-8 画出三相交流电动机的单向运行控制电路(起停控制电路),并分析其原理。

6-9 画出三相异步电动机的正反转控制电路,并分析其原理。

6-10 可编程序控制器的定义是什么?

6-11 简述 PLC 的发展史。

6-12 PLC 有哪些特点?

6-13 简述 PLC 的基本应用。

6-14 PLC 今后的发展方向是什么?

6-15 PLC 由哪几个部分组成? 各有什么作用?

6-16 简述输入/输出模块类型及其作用。

6-17 小型 PLC 有哪几种编程语言?

6-18 详细说明 PLC 的扫描工作原理。在扫描工作过程中,输入映像寄存器和输出映像寄存器各起什么作用?

6-19 画出 PLC 控制电机正反转的接线图、梯形图,写出指令表。

6-20 举例说明常见的 PLC 产品。

6-21 简述传感器的一般组成。

6-22 简述传感器的不同分类。

6-23 简述检测和自动控制系统中传感器的作用。

6-24 举例说明柱式、悬臂梁式、环式、轮辐式称重传感器及其应用区别。

6-25 检测系统中位移的测量方法有哪些?

6-26 简述电位器式传感器的主要应用范围。

6-27 简述差动变压的测量原理、特点及测量范围。

6-28 简述光栅式位移传感器的工作原理、特点及应用范围。

6-29 简述接近开关的基本工作原理、特点、分类及应用。

6-30 简述图像检测系统的组成及应用。

6-31 简述智能传感器的组成、功能及应用。

第七章 纺织设备机电一体化

由于微电子技术的飞速发展及其向纺织机械工业的渗透,使纺织机械的技术结构、产品结构、使用功能、生产方式及管理体系均发生了巨大变化,使得纺织工业生产由"机械电气化"迈入了以"机电一体化"为特征的发展阶段。特别是 20 世纪 70 年代以后,电子信息技术在纺织生产中的广泛应用,使纺织设备不断地向优质、高产、自动化、连续化、智能化方向发展,走出了一条大幅度减少用人、大幅度提高劳动生产率的道路。机电一体化技术对提升传统的纺织产业具有高度的创新性、渗透性和增值性,它使传统纺织技术进入了现代化发展阶段。

第一节 机电一体化系统的组成及相关技术

一、机电一体化系统的组成

机电一体化系统遍及各个领域,结构也各不相同,但它们有共同的特点,即它们一般都由传感器、控制器(计算机)、执行器、动力源和机械装置五大要素(部分)组成,如图 7-1(a)所示。这与人体由头脑、感官(眼、耳、鼻、舌、皮肤)、手足、内脏和骨骼五大部分组成相类似,如图 7-1(b)所示。内脏提供人体所需要的能量(动力)及各种激素,维持人体活动;头脑处理各种信息,并对其他要素实施控制;感官获取外界信息;手足执行动作;骨骼的功能是把人体各要素有机联系为一体。显然,控制器(计算机)就像人的头脑,是机电一体化系统的核心,担负着信息处理和控制各要素协调匹配的任务;传感器类似人的感官,检测和感知各种外界环境信息的变化;执行器相当于人的手足,用于传动各种机械部件,完成要求的工艺操作;动力源为各要素提供动力和能量;机械结构是机电一体化系统的本体和基础,机电一体化产品的主功能和结构功能就是靠机械结构实现的。由于机电一体化系统与高度智能化的人体相类似,它们是一一对应的,因此机电一体化产品也往往表现出高度的智能化。

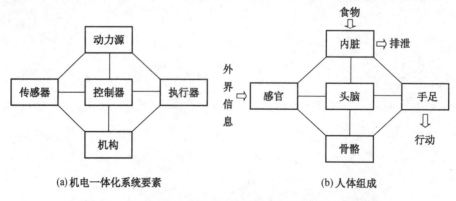

(a)机电一体化系统要素 　　　　　　　　　(b)人体组成

图 7-1 组成机电一体化系统的五大要素与人体的对应部分

机电一体化系统的五大组成要素,在各自的内部各环节之间,都要遵循接口耦合、运动传递、信息控制和能量转换这四大原则。

与五大要素对应的是机电一体化的五大功能,如图 7-2 所示。机电一体化的五大功能是结构功能、驱动功能、检测功能、执行(运转)功能和控制功能。

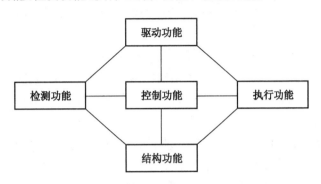

图 7-2 机电一体化的五大功能

从系统角度看,这五大要素既相互联系又相互制约,从而构成一个有机的整体——闭环控制系统。要应用自动控制理论对各个要素进行分析和设计,进而对系统进行分析和设计,不但要求各要素本身的性能好,还要求各要素之间协调、配合,即实现最佳匹配,从而达到系统整体最佳的目标。

二、 机电一体化的关键技术

机电一体化是各种技术相互渗透的结果,其发展所面临的共性关键技术可以归纳为精密机械技术、检测传感技术、信息处理技术、自动控制技术、伺服驱动技术、接口耦合技术和系统总体技术七个方面。

(一)精密机械技术

机电一体化产品的主功能和结构功能主要是靠机械技术实现的,因而机电一体化产品对机械技术不断提出更高的要求,除了要求机械部分具有更新颖的结构、更小的体积、更轻的质量、更快的速度,还要求精度更高、刚度更大、动态性能更好、热变形更小、磨损更少等。因此,现代机械技术相对于传统机械技术发生了很大的变化。新材料、新工艺、新原理、新机构等不断出现,现代设计方法不断发展和完善。例如:新型气流纺纱机采用双圆盘磁性空气轴承;转杯轴在磁铁吸力与压缩空气推力作用下被完全轴向定位,没有任何接触,以适应高速;圆盘外套耐磨的合成胎可降噪吸震,且圆盘直径为转杯轴的 8 倍,使圆盘转速仅为转杯轴的 1/8,以适应转杯 150 000 r/min 以上的高速。

(二)检测传感技术

检测传感技术是将所测得的各种参量,如位置、位移、速度、加速度、力、角度、温度等其他形式的信号,转换为计算机能够识别的统一规格的电信号,并输入信息处理系统,由此产生出相应的控制信号,以决定执行机构的运动形式和动作幅度。传感器就像人类的神经和感官,成为各种外界信息的感知、采集、转换、测试中不可缺少的重要技术工具,是实现自动控制的关键环节。传感器技术的应用已遍及工程技术和日常生活的各个领域。"没有传感器就没有现代科学技术"的观点已为全世界所公认。其检测的精度、灵敏度和可靠性直接影响机电一体化的性能。

机电一体化系统要求传感器能快速、精确、可靠地获取信息,并能经受各种严酷环境的考验,而且价格低廉。检测传感技术的主要发展趋势,一是开展基础研究,发现新的感应现象,探索新的传感机理,开发新的敏感材料和新的生产工艺,提高传感器的灵敏度、可靠性和抗干扰能力等;二是研究信息型、智能型、仿生型等新型传感器,实现传感器的集成化与智能化。

随着纺织设备自动化程度的不断提高,传感器的使用量越来越大。同时,对传感器的要求也越来越高。如 FL100 型粗纱机,为了精确控制粗纱的最佳卷绕张力,该机使用 CCD 摄像传感器,能够以 0.1 mm 的精度检测粗纱的悬垂度,大大提高了粗纱张力调节精度。

（三）信息处理技术

信息处理技术包括信息的输入、识别、变换、运算、存储、输出和决策等。实现信息处理的主要工具是计算机,因此计算机技术与信息处理技术是密切相关的。

计算机技术包括计算机的软件技术和硬件技术、网络与通信技术、数据技术等。

在机电一体化系统中,计算机信息处理装置指挥整个产品的运行。信息处理是否正确、及时,直接影响到系统工作的质量和效率。因此,计算机应用和信息处理技术已成为促进机电一体化技术和产品发展的最重要的因素。人工智能、专家系统、神经网络等技术,都属于计算机信息处理技术。

机电一体化系统现主要采用可编程控制器（PLC）、工业控制计算机（IPC）、单片机、CAN 总线等计算机控制系统进行信息处理。

（四）自动控制技术

自动控制技术就是通过控制器,使被控对象或过程自动地按照预定的规律运行。自动控制技术的范围很广,包括自动控制理论、控制系统设计、系统仿真、现场调试、可靠运行等从理论到实践的全过程。由于被控对象种类繁多,所以控制技术的内容十分丰富,包括高精度定位控制、速度控制、最优控制、模糊控制、自适应控制、自诊断、校正、补偿、示教再现、检索等技术。

（五）伺服驱动技术

伺服驱动技术主要是指在控制指令的指挥下,控制驱动元件,使机械运动部件精确地跟踪控制指令,实现理想的运动控制,并具有良好的动态性能。伺服驱动技术的主要研究对象是伺服驱动单元及其驱动装置。伺服驱动单元有电动、气动、液压等多种类型。纺织机电一体化设备多数采用交流变频调速电机、步进电机、直流伺服电机、交流伺服电机、电液马达等,其驱动装置多采用电力电子器件及集成化功能电路。伺服驱动单元一方面通过电气接口,向上与计算机相连,以接收计算机的控制指令;另一方面又通过机械接口,向下与机械传动和执行机构相连,以实现规定的动作。因此,伺服驱动技术是直接执行操作的技术,对机电一体化产品的动态性能、稳态精度、控制质量等具有决定性的影响。

（六）接口耦合技术

接口技术是将机电一体化产品的各个部分有机地联接成一体。中央控制器发出的指令,必须经过接口设备的转换,才能变成机电一体化产品的实际动作。而由外部输入的检测信号,只有先通过接口设备,才能被中央控制器所识别。

接口包括电气接口、机械接口、人—机接口。电气接口实现系统间电信号联接;机械接口则完成机械与机械部分、机械与电气装置部分的联接;人—机接口提供人与系统间的交互界面。

根据接口耦合原则,两个需要进行信息交换和传输的环节之间,由于信息的模式不同(数字量与模拟量、串行码与并行码、连续脉冲与序列脉冲等),无法实现信息或能量的交流,必须通过接口的变换才能完成信息或能量的统一。其次,在两个信号强度相差悬殊的环节间,必须经过接口放大,才能达到能量的匹配。经变换和放大后的信号,在各环节间能可靠、快速、准确地交换,必须遵循一致的时序、信号格式和逻辑规范。接口具有保证信息的逻辑控制功能,使信息按规定模式进行传递。

（七）系统总体技术

系统总体技术是从整体目标出发,用系统的观点和方法,把系统分成若干功能的子系统。对于每个子系统的技术方案,都首先从实现整个系统技术协调的观点来考虑。对于子系统与子系统之间的矛盾,都要从总体协调的需要来选择解决的方案。机电一体化系统是一个技术综合体,利用系统总体技术将各种有关技术协调配合、综合运用,从而达到整体系统的最优化。

综上所述,机电一体化的出现不是孤立的,它是许多科学技术发展的结晶,是社会生产力发展到一定阶段的必然要求。当然,与机电一体化相关的技术还有很多,并且随着科学技术的发展,各种技术相互融合的趋势越来越明显,机电一体化技术的广阔发展前景也越来越光明。

第二节　自动控制技术

由于微型机的广泛应用,自动控制技术越来越多地与计算机控制技术联系在一起,成为机电一体化的关键技术。下面以梳棉机和并条机上的自调匀整原理为例,来说明自动控制技术的基本方法。

一、自调匀整的意义

纺纱生产若想纺出满足客户需求的高品质纱线,其生条质量对后道工序的产品质量起至关重要的作用。在梳棉机、并条机上安装自调匀整装置,能显著改善棉条结构,使输出的棉条定量保持稳定,减小棉条的质量偏差;降低棉条线密度变异系数(CV值)。

二、自调匀整装置的组成

自调匀整装置的组成一般可分为三个部分,如图7-3所示。

图7-3　自调匀整装置的组成

（1）检测。测出喂入品或输出品的瞬时定量或厚度的不匀率变化,并利用位移或压力传感器转变成相应的电信号。

（2）控制。将检测量与给定量比较后得出误差信号,将误差信号按比例放大、积分、微分(PID控制)，使其具有足够的能量，以控制执行机构变速。

（3）执行。即变速机构，利用控制信号及时调节喂入机件或输出机件的速度，使输出半制品的定量等于或接近设计定量，以实现自调匀整。

三、自调匀整控制系统分类

自调匀整按控制系统分为开环系统、闭环系统和混合环系统。

（一）开环系统

开环控制系统是没有输出反馈的控制系统，系统中的控制回路是非封闭的，故称为开环系统，如图7-4所示。其特点是先检测喂入条子(或棉层)的线密度，然后再控制喂入机件的速度即牵伸比，从而调整输出条子的线密度。开环系统采用先检测后匀整的方法，针对性强，调整及时。设计关键是使控制系统的时间延迟与纱条通过检测点和匀整点之间所需的时间配合得当，并使牵伸倍数的变化完全与输入纱条或棉层的线密度变化相适应。若设计得当，可以匀整较短片段的不匀。但是开环系统不能对牵伸过程中出现的不匀进行检测和补偿；而且开环系统只进行调节，不核实调节结果。因此，开环系统在使用前必须精确校准，在正常工作时也要保证校准的参数不能变化。

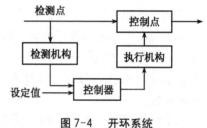

图7-4　开环系统

另外，由于各环节参数变化或外界扰动引起的偏差无法得到修正，容易使条子定量出现偏差。

开环系统的优点是：简单、经济，容易维修，控制反应速度快，清除不匀针对性强；缺点是：精度低，对环境变化和干扰十分敏感，运行稳定性差。因此，开环系统主要用于匀整短片段的不匀率。

（二）闭环系统

闭环控制系统是将输出的全部或部分信号反馈到输入端的控制系统。由于检测点在机器输出方某处，控制点在喂入处，将检测点到控制点的匀整过程和产品的运动过程联接起来，能构成一个封闭的环状，所以称为闭环控制系统。因反馈信号起反抗或退化输入作用，故又称为负反馈闭环系统。

闭环系统如图7-5所示，其特点是先匀整后检测。因此，根据经典控制理论，它不能匀整波长等于或小于匀整点到检测点距离的不匀波。从匀整点到检测点之间的距离称为匀整死区，所需时间称为匀整死时。由于匀整死区的存在，它只能匀整较长片段的不匀。匀整死区越大，能匀整的片段就越长。而且，由于控制系统的惯性和误动作会引起控制系统的超调和振荡，可能造成死区

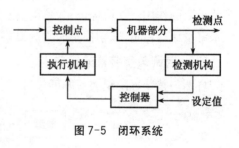

图7-5　闭环系统

内中、短片段条子均匀度恶化。但闭环系统可对匀整效果进行"再检测"，故可以抑制各环节参数变化和环境干扰的影响，稳定性好。

闭环系统的优点是：控制精度高，动态性能好，抗干扰能力强，稳定性好；缺点是：结构复

杂,价格较贵,不易维修,调节滞后,控制反应速度慢,对中/短片段条子的均匀度不但不能匀整,反而有恶化的可能。因此,闭环系统主要用于匀整长片段的不匀。

（三）混合环系统

混合环系统是同时采用开环和闭环的控制系统,如图 7-6 所示。常见的混合环控制系统有两种,图 7-6(a)表示两处检测、一处控制的混合环系统;图 7-6(b)表示一处检测、两处控制的混合环系统。

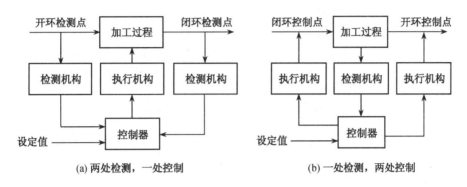

(a) 两处检测,一处控制　　　　　　　(b) 一处检测,两处控制

图 7-6　混合环系统

以图 7-6(a)为例,混合环把快速反应的开环系统和中、低速反应的闭环系统有机结合起来,在控制机构上叠加两方面检测到的信号,形成前馈—反馈混合环控制系统。它综合了前两种系统的优点,克服了各自的缺点,取长补短,使输出棉条的长/短片段的均匀度都得到改善,综合性能较好。

主要以单输入、单输出一类线性自动控制系统分析与设计问题的古典控制技术发展较早,且已日臻成熟。以前,由于电子元气件昂贵,因此混合环使用较少。现在由于计算机技术的应用(如 PLC 技术、单片机技术、工业计算机),现代控制技术已能够方便进行多输入、多输出、参变量、非线性、高精度、高效能等控制系统的分析和设计,混合环并不比单纯开环或闭环系统的成本高太多。总之,闭环为滞后调整,开环为及时调整,混合环更为完美。为提高成纱的产品质量,在清棉、梳棉、并条等机械上已广泛采用自调匀整装置。

四、自调匀整的基本原理

新型梳棉机的自调匀整控制系统中,开环、闭环、混合环三种控制系统都有应用,不过多以闭环或混合环为主。下面以特吕茨勒梳棉机为例,分别介绍开环、闭环、混合环自调匀整控制系统的具体应用。

（一）超短片段自调匀整装置

图 7-7 所示为超短片段自调匀整装置。图中棉层厚度的变化经测量杠杆进行检测,由位移传感器转换为电信号,再通过采样、放大、滤波送入控制器。该信号为前馈信号。在控制器中,前馈信号与棉层设定值相比较,其偏差由控制器进行运算处理,控制器输出指令,控制喂棉罗拉交流变频调速系统及时改变喂棉罗拉的速度。若棉层薄,则加快喂棉罗拉转速,力图保持喂棉量为设定量;若棉层厚,则降低喂棉罗拉转速,也力图保持喂棉量恒定。这种控制称为前馈控制,也称为开环控制。它属于扰动补偿控制,用于及时消除棉层厚度波动对棉条均匀度的影响。

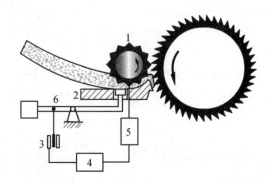

1—喂棉罗拉　2—配有测定器的给棉板　3—位移传感器
4—控制器　5—喂棉罗拉交流变频调速系统　6—测量杠杆
图 7-7　超短片段开环自调匀整装置

在梳棉机上应用开环短片段自调匀整系统,一般能使制品的匀整长度为 $0.1\sim0.12\,\mathrm{m}$,超短片段长度甚至可达 $1\,\mathrm{cm}$。

（二）长片段自调匀整装置

图 7-8 所示为梳棉机长片段自调匀整装置。喇叭嘴(或凹凸罗拉或阶梯罗拉)检测输出棉条粗细,由位移传感器将其转换为电信号,该信号即为反馈信号。在控制器中,反馈信号与设定值相比较得偏差信号,控制器对偏差信号进行运算处理后输出指令,控制交流变频调速系统改变给棉罗拉的喂棉速度,以调整给棉量。当棉条偏细时,则加快喂棉罗拉转速,力图保持输出棉条为设定量;当棉条偏粗时,则降低喂棉罗拉转速,减少喂入量,最终使输出棉条的均匀度符合设定值。显然,这种控制属于闭环控制。

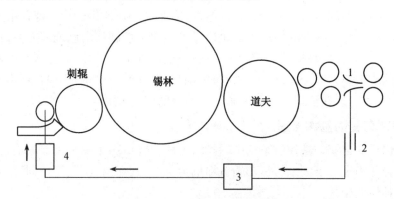

1—喇叭嘴　2—位移传感器　3—控制器　4—喂棉罗拉交流变频调速系统
图 7-8　长片段自调匀整装置

由于从检测、转换、比较、运算处理、驱动喂棉罗拉变速,再经刺辊、锡林—盖板、道夫、集棉成条装置,整个控制过程太长,一般作用时间 $10\,\mathrm{s}$ 左右,匀整长度(即匀整死区)一般在 $70\sim100\,\mathrm{m}$。高产梳棉机的调整长度也在 $20\,\mathrm{m}$ 以上。若想对 $1\,\mathrm{m}$ 以内的片段起作用,当出条速度为 $300\,\mathrm{m/min}$ 时,全部动作时间应小于 $0.2\,\mathrm{s}$,这几乎办不到。因此,一方面要求各个转动部件的转动惯量尽可能小,并采用低惯量电动机,以提高响应速度,减小匀整死区;另一方面要同时采用开环,即构成混合环,才能对长短片段均起匀整作用。

（三）混合环自调匀整装置

图 7-9 所示为一体化并条机 IDF 自调匀整装置。该混合环系统在牵伸机构的后罗拉处,用凹凸罗拉检测棉条粗细,在给棉罗拉处检测棉层厚薄。这两个检测信号送控制器处理;同时,前罗拉、后罗拉及给棉罗拉的转速信号也反馈给控制器。这些信号经控制器运算处理后发出两路控制信号,分别控制两台交流变频调速电机,一台控制给棉罗拉变速,另一台控制牵伸机构的中/后罗拉变速,以改变牵伸倍数。控制器还随时将给棉罗拉及前罗拉反馈的实际速度信号与二者控制信号所对应的理论速度信号进行比较,若有差异,控制器会自动调整。该控制系统两处检测、两处执行,并带有速度反馈,从而构成一个复杂的混合环自调匀整控制系统。

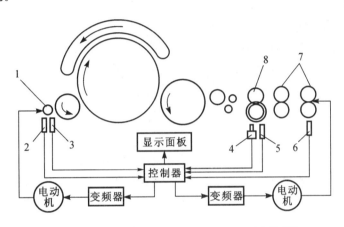

1—给棉罗拉 2—棉层厚度检测 3,5,6—测速传感器
4—棉条厚度检测 7—牵伸装置 8—凹凸罗拉

图 7-9 带预牵伸的梳棉机混合环系统

这种带预牵伸装置的梳棉机对缩短工艺流程、减少并条工序、提高经济效益十分有利,在新型梳棉机上应用越来越广,它特别适用于转杯纺或其他棉条直接纺纱的棉条生产。

混合环将开环和闭环的优点结合在一起,能修正由各种因素变化造成的波动,提高匀整效果。它不仅能匀整中/短片段不匀,还能匀整长片段不匀,而且对中/短片段的恶化作用小。因此,混合环已成为新型梳棉机自调匀整的首选模式。

梳棉机采用自调匀整装置后,生条的质量不匀率得到改善,质量偏差减小。据有关资料介绍,生条 5 m 重不匀率由 3.5%～4%改善为 1.0%～1.6%,生条条干 CV 值由 4.5%～6%改善为 3%～4%,其他质量指标也都有改善。

随着纺织工艺向高速、高效、低能耗、大卷装、自动化、联合机、短流程方向发展,在提高生产效率的同时,更要提高成纱质量。因此,自调匀整装置在梳棉机上的应用会越来越广泛。研究和应用自调匀整装置,具有十分重要的意义。

第三节 机电一体化技术的发展方向

机电一体化是集机械、电子、光学、控制、计算机、信息等多学科的交叉融合技术,它的发展和进步有赖于相关技术的发展和进步,其主要发展方向有数字化、智能化、模块化、网络化和集成化。

一、数字化

微处理器和微控制器的发展奠定了单机数字化的基础,如不断发展的数控机床和机器人。而计算机网络的迅速崛起,为数字化制造铺平了道路,如计算机集成制造。数字化要求机电一体化产品的软件具有高可靠性和可维护性,以及自诊断能力,其人机界面对用户更加友好,更易于使用;并且,用户能根据需要参与改进。数字化的实现将便于远程操作、诊断和修复。

二、智能化

智能化是 21 世纪机电一体化技术发展的主要方向。赋予机电一体化产品一定的智能,使它模拟人类智能,具有人的判断推理、逻辑思维、自主决策等能力,以得到更高的控制目标。随着人工智能技术、神经网络技术、光纤通信技术等领域取得的巨大进步,大量智能化的机电一体化产品不断涌现。现在,"模糊控制"技术已相当普遍,甚至出现了"混沌控制"的产品。

三、模块化

由于机电一体化产品的种类和生产厂家繁多,研制和开发具有标准机械接口、动力接口、环境接口的机电一体化产品单元,是一项十分复杂和有前途的工作。利用标准单元迅速开发出新的产品,缩短开发周期,扩大生产规模,会给企业带来巨大的经济效益和美好的前景。

机电一体化水平的提高,使纺织机械的分部传动得以实现,这也使模块化设计成为可能。不仅机械部分,就是电气控制部分也采用模块化的设计思想,各功能单元都采用插槽式的结构,不同功能模块组合,就能满足千变万化的用户需求。模块化的产品设计,是今后技术发展的必然趋势。

四、网络化

20 世纪 90 年代,计算机技术的突出成就是网络技术。各种网络将全球经济、生产连成一片,企业间的竞争也全球化。由于网络的普及和进步,基于网络的各种远程控制和状态监视技术方兴未艾,而远程控制的终端设备就是机电一体化产品。随着网络技术的发展和广泛运用,一些制造企业正向着更高的管理信息系统层次 ERP 迈进。

五、集成化

集成化既包含各种技术的相互渗透、相互融合,又包含在生产过程中同时处理加工、装配、检测、管理等多种工序。为了实现多品种、小批量生产的自动化与高效率,应使系统具有更广泛的柔性。如特吕茨勒新型输棉机集成了一体化并条机 IDF,可节省机台、简化工序,增加柔性,提高效率。

思考与练习

7-1　机电一体化系统一般由哪五大要素(部分)组成? 与五大要素对应的五大功能是

什么？

7-2 机电一体化涉及到哪几个方面的关键技术？

7-3 自动化系统的一般组成是什么？

7-4 简述开环系统、闭环系统和混合环系统的特点、区别与联系及应用范围。

7-5 简述机电一体化技术的发展方向。

7-6 试举例分析几个日常生活中的机电一体化产品。

参 考 文 献

［1］兰青. 机械基础. 北京：中国劳动社会保障出版社，2007.

［2］沈廷椿. 棉纺工艺学（上、下册）. 北京：纺织工业出版社，1991.

［3］张曙光. 现代棉纺技术. 2 版. 上海：东华大学出版社，2012.

［4］郁汉琪. 电气控制与可编程序控制器应用技术. 南京：东南大学出版社，2003.

［5］蔡永东. 现代机织技术. 上海：东华大学出版社，2014.

［6］吴联兴. 机械设计基础. 天津：天津大学出版社，2001.

［7］周琪甦. 纺织机械基础概论. 北京：中国纺织出版社，2005.

［8］魏兵. 机械原理. 武汉：华中科技大学出版社，2007.

［9］张丽荣. 机械制图. 北京：机械工业出版社，2007.

［10］刘黎. 画法几何基础及机械制图. 北京：电子工业出版社，2006.

［11］金大鹰. 机械制图. 北京：机械工业出版社，2008.

［12］侯赞雄. 机械制图. 北京：电子工业出版社，2007.

［13］刘仁杰. 画法几何及机械工程制图. 北京：中国计量出版社，2007.

［14］梁森. 自动检测与转换技术. 北京：机械工业出版社，2005.

［15］谭维瑜. 电机与电气控制. 北京：机械工业出版社，2003.

［16］杨铭. 机械制图. 北京：机械工业出版社，2011.